优秀青年学者文库·工程热物理卷

纳米受限空间固液静电吸附原理及储能应用

Principle and Application of Solid-Liquid Electrostatic Adsorption in Nano-Confined Spaces

薄　拯　杨化超　吴声豪　著

科学出版社

北京

内 容 简 介

本书聚焦固液静电吸附过程的物理机制和储能应用,重点探讨了纳米孔隙尺度效应、边缘效应、溶剂极性、离子类型、表面润湿特性等对固液静电吸附热力学性质和输运特性的影响和作用机制,分析了与宏观储能性能的关联,并通过超级电容储能应用实例做进一步说明。

本书可供从事固液静电吸附、工程热力学、微观传递过程、纳米科学与技术、储能科学与技术等相关领域的科研人员,以及高等院校动力工程及工程热物理、能源化工、材料科学等专业的师生参考阅读。

图书在版编目(CIP)数据

纳米受限空间固液静电吸附原理及储能应用=Principle and Application of Solid-Liquid Electrostatic Adsorption in Nano-Confined Spaces / 薄拯,杨化超,吴声豪著.—北京:科学出版社,2021.12

(优秀青年学者文库·工程热物理卷)

ISBN 978-7-03-070479-5

Ⅰ.①纳… Ⅱ.①薄… ②杨… ③吴… Ⅲ.①固体-液体混合物-静电-吸附-研究 Ⅳ.①O642.5

中国版本图书馆CIP数据核字(2021)第226032号

责任编辑:范运年 / 责任校对:王晓茜
责任印制:师艳茹 / 封面设计:蓝正设计

科学出版社 出版
北京东黄城根北街 16 号
邮政编码:100717
http://www.sciencep.com
涿州市般润文化传播有限公司 印刷
科学出版社发行 各地新华书店经销
*
2021年12月第 一 版 开本:720×1000 1/16
2024年 1 月第二次印刷 印张:13 1/4
字数:270 000

定价:118.00 元
(如有印装质量问题,我社负责调换)

青年多创新，求真且力行(代序)

——青年人，请分享您成功的经验

能源动力及环境是全球人类赖以生存和发展的极其重要的因素，随着经济的快速发展和环境保护意识的不断加强，为保证人类的可持续发展，节能、高效、降低或消除污染排放物、发展新能源及可再生能源已经成为能源领域研究和发展的重要任务。

能源动力短缺及环境污染是世界各国面临的极其重要的社会问题，我国也不例外。虽然从 20 世纪 50 年代我国扔掉了"贫油"的帽子，但是"缺油、少气、相对富煤"的资源特性是肯定的。从 1993 年起，随着经济的快速发展，我国成为石油净进口国，截止到 2018 年，我国的石油进口对外依存度已经超过 70%，远远超过 50%的能源安全线。由于大量的能源消耗，特别是化石能源的消耗，环境受到很大污染，特别是空气质量屡屡为世人诟病。雾霾的频频来袭，成为我国不少地区的难隐之痛。我国能源工业发展更是面临经济增长、环境保护和社会发展的重大压力，在未来能源发展中，如何充分利用天然气、水能、核能等清洁能源，加快发展太阳能、风能、生物质能等可再生能源，洁净利用石油、煤炭等化石能源，提高能源利用率，降低能源利用过程中带来的大气、固废、水资源的污染等问题，实现能源、经济、环境的可持续发展，是我国未来能源领域发展的必由之路。

近年来，我国政府在能源动力领域不断加大科研投入的力度，在能源利用和环境保护方面取得了一系列的成果，也有一大批年轻的学者得以锻炼成长，在各自的研究领域做出了可喜的成绩。科学技术的创新与进步，离不开科研人员的辛勤努力，更离不开他们不拘泥于前人研究成果、敢于创新的勇气，需要青年学者的参与和孜孜不倦的追求。

近代中国发生了三个巨大的变革，改变了中国的命运，分别是 1919 年的五四运动、1949 年的中华人民共和国成立和 1978 年的改革开放。五四运动从文化上唤醒国人，中华人民共和国成立后从一个一穷二白的国家发展成初具规模的工业大国，变成了真正意义上的世界强国。改革开放将中国发展成世界第二大经济体。涉及国运的三次大事变，年轻人在其中发挥了重要的作用。

青年是创造力最丰富的人生阶段，科学的未来在于青年。

经过数十年的发展，我国已经成为世界上最大的高等教育人才的培养国，每年不仅国内培养出大量优秀的青年人才，随着国家经济实力不断壮大，大批学成的国外优秀青年学者也纷纷回国加入到祖国建设的队伍中。在"不拘一格降人才"的精神指导下，涌现出一大批"杰出青年""青年长江学者""青年拔尖人才"等优秀的年轻学者，成为所在学科的领军人物或学术带头人或学术骨干，为学科的发展做出重要贡献。

科学的发展需要交流，交流的最重要方式是论文和著作。古代对学者要求的"立德、立功、立言"的三立中，立言就是著书立说。一个人成功，常常谦虚地表示是站在巨人的肩膀上，就是参照前人的研究成果，发展出新的理论和方法。我国著名学者屠呦呦之所以能够发现青蒿素，就是从古人葛洪的著作中得到重要启发。诺贝尔物理学奖获得者杨振宁教授，除了与李政道合作的宇称不守恒理论之外，还提出了非阿贝尔规范场论以及杨-巴克斯特方程，为后来获得诺贝尔物理学奖奠定了很好的基础，他在统计力学和高温超导方面的贡献也为后来的工作起到重要的方向标作用。因此，著书立说，不仅对于个人的学术成熟和成长有重要的作用，对于促进学科发展、带动他人的进步也至关重要。

著名学者王国维曾在其所著的《人间词话》中对古今之成大事业、大学问者提出人生必经三个境界，第一境界是"昨夜西风凋碧树，独上高楼，望尽天涯路"；第二境界是"衣带渐宽终不悔，为伊消得人憔悴"；第三境界是"众里寻他千百度，蓦然回首，那人正在灯火阑珊处"。这里指出，做学问，成大事首先是要耐得住孤独；其次是要守得住清贫，要坚持。在以上基础上，成功自然就会到来。当然，著书是辛苦的。在当前还没有完全消除唯论文的现状下，从功利主义出发，撰写一篇论文可能比著一本书花费的时间、精力要少很多，然而，作为一个真正的学者，著书立说是非常必要的。

科学出版社作为国家最重要的科学文集出版单位，出于对未来发展、对培养青年人的重大担当，提出了《优秀青年学者文库　工程热物理卷》出版计划。该计划给了青年学者一个非常好的机会，为他们提供了很好的展现能力的平台，也给他们一个总结自己学术成果的机会。本套丛书就是立足于能源与动力领域优秀青年学者的科研工作，将其中的优秀成果展示出来。

国家的经济快速发展，能源需求日盛。化石能源消耗带来的资源和环境的担忧，给我们从事能源动力的研究人员一个绝好的发展机会，寻找新能源，实现可持续发展是我们工程热物理学科所有同仁的共同追求。希望我们青年学者，不辱使命，积极创新，努力拼搏，创造出一个美好的未来。

姚春德

2019 年 2 月 27 日

前　　言

　　吸附是工程应用中常见的物理现象,一般是指固体介质表面吸附周围介质(如液体、气体)中分子、离子或微粒的行为。静电吸附的特点是在固体介质表面施加一定的电荷,以两相界面电势差为主要推动力完成吸附过程。这一现象很早就被人类发现和记载,并在现代能源环境体系中广泛应用。

　　本书聚焦固液静电吸附过程的物理机制和储能应用。固液静电吸附一般发生在多孔介质(固)和电解液工质(液)两相介质之间,其本质是势差作用下的非平衡态不可逆热力学过程。固液静电吸附通过荷电多孔介质选择性吸附电解液工质中的离子,该过程既是锂离子电池、燃料电池、液流电池等电化学储能技术的基础步骤,同时也是超级电容储能、去离子水处理/海水淡化、微流控等一系列现代能源和环境应用的核心过程。

　　对固液静电吸附热力学性质和输运性质的深入理解是指导固液介质开发利用的理论基础。固液静电吸附经典理论起源于 19 世纪,先后发展了 Helmholtz、Gouy-Chapman 和 Gouy-Chapman-Stern 等经典固液静电吸附模型。随着固体介质孔隙的纳米化发展,近十年来固液静电吸附理论又有了长足进步。一方面,纳米孔隙材料的开发与应用可显著提升固液静电吸附的应用性能,但是另一方面,纳米孔隙独特的形貌结构导致在固液静电吸附过程中具有尺度效应、边缘效应、选择性吸附等特殊性,基于连续介质假设的经典固液静电吸附热力学理论无法准确解释和指导应用。

　　作者长期从事固液静电吸附热力学原理及储能应用相关研究,所取得的研究成果在纳米尺度发展了固液静电吸附热力学理论,指导并形成了高性能固液静电吸附储能(超级电容)技术,逐步在港口、交通、大型燃煤机组等开展应用示范。本书以作者团队近期研究成果为基础,结合国内外研究的最新进展,对纳米受限空间固液静电吸附的原理及储能应用进行了较为系统的梳理、分析和总结,希望能对其他学者的后续研究以及工程应用的技术发展起到推动作用。

　　全书共分六章,各章节之间的内容既联系紧密,又有各自的侧重点,读者可以根据需要选择性阅读。内容主要包括固液静电吸附概述(第 1 章)、相平衡状态(第 2 章)、离子自扩散行为(第 3 章)、离子输运特性(第 4 章)、静电吸附熵变及焦耳热效应(第 5 章)及固液静电吸附储能应用实例(第 6 章)。本书重点探讨了纳米孔隙尺度效应、边缘效应、溶剂极性、离子类型、表面润湿特性等对固液静电吸附热力学性质和输运特性的影响和作用机制,分析了与宏观储能性能的关联,并通过部分应用实例做进一步说明。

在本书撰写过程中，得到了科学出版社编辑同志的大力支持。感谢我的导师浙江大学岑可法院士和严建华教授对工作的关心和支持，他们的意见和建议对提高书稿的质量大有裨益。本课题组已毕业博士生杨锦渊、孔竞、亓花蕾在本书的素材提供和资料整理方面做出了贡献，在读博士生徐晨轩、田义宽、厉昌文、李昊文、应崇彦、龚碧瑶、胡仲铠、张惠惠、王睿、陈鹏鹏和郑周威等在本书的资料整理、文字校对、格式修改等方面做了大量辅助工作。为了全面、准确地反映固液静电吸附的研究现状，本书整理、归纳了部分国内外同行的优秀成果，并引用了一些参考文献。在此一并表示最诚挚的谢意！

本书基于作者近年来的研究成果，依托国家自然科学基金项目(批准号：52076188，51722604，51906211)和英国皇家学会牛顿高级学者基金项目(批准号：52061130218)等，并得到了浙江大学杭州国际科创中心以及美国加州大学洛杉矶分校、英国阿尔斯特大学、澳大利亚新南威尔士大学、澳大利亚昆士兰科技大学等合作课题组的支持。

限于作者水平和时间，书中难免有疏漏和不足之处，敬请各位专家和读者批评指正。

薄 拯

2021 年 5 月于求是园

目　　录

第1章 固液静电吸附概述

1.1 静电吸附现象

吸附是工程应用中常见的物理现象，一般指的是固体介质表面吸附周围介质（如液体、气体）中分子、离子或微粒的行为，其本质是一定势差作用下的非平衡态不可逆热力学过程。静电吸附指的是在固体介质表面施加一定的电荷，以两相界面电势差为主要推动力的吸附过程。静电吸附现象很早就被人们发现和记载。在西汉末年的《春秋纬·考异邮》中就提到了"玳瑁吸衣若"，指的是经过摩擦后的玳瑁可以吸附微小的物体。类似的自然现象也被其他古籍文献所记载。随着人们对静电吸附物理机制理解的不断深入，这一物理现象在现代工业体系和技术装备中有了广泛的应用。例如，在烟气除尘和净化领域发挥重要作用的静电除尘器等，通过检测荷电固体介质表面吸附气体分子所引起的电阻和电势变化而发展的新一代高性能气体传感器，这些都是固气静电吸附的典型应用。

本书聚焦固液静电吸附过程的物理机制和储能应用。固液静电吸附一般发生在多孔介质(固)和电解液工质(液)两相介质之间。固相介质浸没于液相介质中，当固相介质荷电后，异性离子在静电力作用下向固体表面迁移并聚集，而同性离子将在静电力作用下远离固体表面，在达到热力学平衡状态后形成相平衡结构。固液静电吸附通过荷电多孔介质选择性吸附电解液工质中的离子，该过程既是锂离子电池、燃料电池、液流电池等电化学储能技术的基础步骤(在吸附后发生基于化学反应的电荷迁移)，同时也是超级电容储能、去离子水处理/海水淡化、微流控等一系列现代能源和环境应用的核心过程。

1.2 固液静电吸附储能

超级电容是一种基于固液静电吸附原理的先进储能技术，以短时间、高功率存储和释放能量为主要技术特征。作为功率型储能技术的代表，超级电容储能技术是《中国制造2025—能源装备实施方案》的重点发展技术，同时也入选了国家战略性新兴产业重点产品和服务指导目录(高端储能类)，在能源、电力、交通、国防等领域发挥了重要作用。

如图 1.1 所示，超级电容主要由隔膜、电解液、活性材料和集流体等组成。其中，电极和电解液是实现固液静电吸附储能的核心部件，一般采用多孔介质作为电极，浸没在富含离子的电解液中。隔膜和集流体是主要的附属部件，隔膜的作用是在允许离子和溶剂分子通过的前提下避免正负电极接触导致的短路，集流体的作用是保证电极与外电路的高效电子传递。商用超级电容产品主要包括扣式、柱式和叠片式等三种类型，并可通过串并联形成储能模组装备，适用于不同的应用场景。

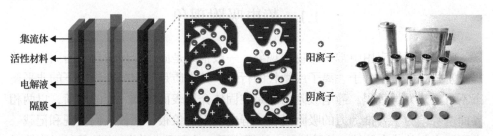

集流体
活性材料
电解液
隔膜
阳离子
阴离子

图 1.1   超级电容结构、原理示意图和产品实物图

当多孔介质电极荷电后，电解液中的异性离子在电场作用下吸附到电极表面，形成界面双电层并实现电能存储。由于上述静电吸附过程不存在固液两相的化学反应，相比基于法拉第化学过程的二次电池，超级电容具有功率密度高（>10kW/kg）、充/放电速度快（充电时间比常规二次电池少 2～3 个数量级）、循环寿命长（百万次以上）和环境温度适应性强（-50～+70℃）等优点，在军用和民用领域具有重要的应用价值。

超级电容储能技术的主要应用包括高速列车制动能量回收、港口重型动力机构势能回馈节能、燃煤机组辅助调频、电磁弹射、军用交通工具应急启动等。在这些应用场景中，一般均要求储能系统具有超高的输入/输出功率和快速的响应能力，并能适应频繁的充放电切换。例如，在储能辅助电力调频领域，为适应可再生能源发电大量接入后对现有电网的影响以及满足用户侧的需求，通过配置超级电容储能装置可提高燃煤机组的快速调频能力和机组灵活性，显著提高调频效率；在高铁/地铁制动能量回收和港口重型动力机构势能回馈领域，利用超级电容储能装置承担快速制动或快速下降过程的负载功率高峰值，可以实现对能量的高质量回收与再利用，具有节能减排的重要价值；在军用装备领域，坦克装甲车辆的应急启动装置需要满足高功率能量供给和高瞬态峰值电流要求，装配超级电容储能装置可以提高坦克装甲车辆启动的稳定性和可靠性，在高寒高海拔区域低温环境下这一优势尤为显著。

超级电容储能以短时间、高功率能量存储和释放为特征，其储能性能与固液静电吸附的热力学特性和输运特性密切相关。在多孔介质荷电后，电解液中的离子分布状态发生显著变化，即从在液相介质体相中自由分布的状态转变为在固体介质表面（界面）紧密吸附的状态。

根据热力学第二定律，超级电容储能是固液界面电势差作用下的不可逆热力学过程。输入电能一部分转化为界面的静电势能(宏观上表现为储能能量)，由界面相平衡状态决定，另一部分则在电能存储过程中以热能形式损失，主要包括离子自由度变化引起的吸附热和离子输运阻力导致的焦耳热。其中，吸附热来源于固液静电吸附过程中离子平动和转动等自由度变化，离子从自由分布转变为紧密吸附状态后，自由度降低，静电吸附熵变和热损失与离子间作用力、作用势能和溶剂偶极矩等分子参数密切相关。焦耳热则是固液静电吸附热损失的主要来源，其本质是离子在输运过程中与其他离子、溶剂分子、固体介质发生非弹性碰撞而导致的能量损失，主要与黏度、扩散系数、电导率、导热系数等输运特性参数有关，也是热力学过程不可逆性的主要来源。一般来说，固液静电吸附的相平衡状态决定了储能能量，非平衡输运过程的不可逆性与储能功率性能密切关联。

因此，深入理解固液界面静电吸附的热力学性质、输运特性和分子参数是指导固液介质开发利用的基础。然而，在超级电容储能应用中，往往采用高比表面积的多孔介质作为固体介质以提高固液静电吸附的效率，这使得静电吸附发生在孔隙结构内部。所以，除了上述非平衡、不可逆特性外，还具有显著的非连续特性，这增加了深入理解和精确描述固液静电吸附相平衡状态、静电吸附熵变、输运特性和过程不可逆性等关键问题的难度。

1.3　经典固液静电吸附相平衡理论

固液静电吸附发生在荷电固体多孔介质和电解液工质之间，界面相平衡状态决定了静电势能，与分子参数、热力学性质和宏观储能特性密切关联。准确刻画固液静电吸附的界面相平衡状态，理解固液两相介质特性与界面相平衡状态及储能能量之间的关联机制，对推动固液静电吸附理论的发展和提升超级电容储能性能具有重要意义。

固液静电吸附理论起源于 19 世纪。1879 年，德国科学家 Helmholtz[1]在考虑荷电固体介质与电解液离子间静电作用力的基础上，首次通过双电层模型描述固液静电吸附界面的相平衡状态，被称为 Helmholtz 模型。20 世纪初，法国里昂大学 Gouy[2]和英国牛津大学 Chapman[3]对 Helmholtz 模型进行了改进，并基于玻尔兹曼(Boltzmann)分布规律建立了 Gouy-Chapman 模型。1924 年，德国汉堡大学 Stern[4]在上述研究的基础上，综合考虑静电力作用和热运动，建立了包含紧密层和扩散层的 Gouy-Chapman-Stern 模型，这也是被广泛采用的固液静电吸附模型。后续研究中重要的模型改进在于对紧密层更为细致的描述，代表性的成果是美国科学家 Bockris 等[5]建立的 Bockris-Davanathan-Muller 模型等。受限于当时的实验微观检测手段和理论水平，上述模型大多是采用平板型固体介质的简化模型，没有考虑多孔介质孔隙结构的影响，但是能够较为准确地描述非受限空间中的离子微观分布，对大孔（＞50nm）和介孔（2～50nm）静电吸附体系储能性能的预测和提升具有重要的意义。以下对各类经典模型进行较为详细的介绍。

1879 年，德国科学家 Helmholtz[1]在研究胶体粒子表面电荷分布时，提出了类似于平行板电容器的离子分布双电层模型，又称为 Helmholtz 模型，见图 1.2。纵坐标 φ 表示电势，带正号的小球表示阳离子，带负号的小球表示阴离子。该模型仅考虑了固体介质与离子间的静电作用力，认为电场作用下固体表面的电子与溶液中的离子将形成类似于平行板的双电层结构。双电层的厚度为离子的半径，一般为 $10^{-10}\sim10^{-9}$m，电势在双电层内呈单调线性变化。虽然 Helmholtz 模型是简化模型，但仍能解释部分固液静电吸附现象。例如，该模型有效地解释了电化学实验中所观察到的微分电容曲线在零电荷电位附近的平台现象及界面张力随电极电势的变化规律[6]。

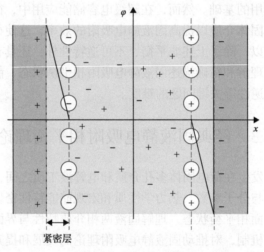

图 1.2　Helmholtz 模型

然而，Helmholtz 模型无法有效解释实验中所观测到的部分静电吸附现象。例如，微分电容曲线中电容随电极电势和电解液浓度的变化规律，以及在稀溶液中存在极小值这一现象无法通过 Helmholtz 模型准确解释。鉴于此，人们逐渐开始关注温度和分子热运动对固液静电吸附相平衡的影响。20 世纪初，法国里昂大学 Gouy 和英国牛津大学 Chapman[2,3]对 Helmholtz 模型进行了改进，在充分考虑分子热运动影响的基础上，提出了 Gouy-Chapman 模型。该模型认为电解液离子满足 Boltzmann 分布规律，即双电层中离子不是紧密地排列在界面上，而是分散地分布在固体表面的电解液中，在靠近固体表面处的异性离子浓度较大，而在远离固体表面处的异性离子浓度较小，形成离子浓度渐变的扩散双电层，见图 1.3。因此，Gouy-Chapman 模型也被称为扩散层模型。

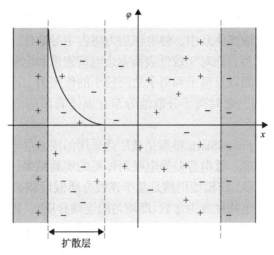

图 1.3　Gouy-Chapman 扩散双电层模型

　　相比于 Helmholtz 模型，Gouy-Chapman 模型更多地考虑了离子热运动作用，指出了扩散层的存在，更好地解释了微分电容曲线中在零电荷电位处出现电容极小值和电容随电极电位变化等现象。但是该模型也存在一些缺陷，如没有考虑电极表面存在离子紧密吸附的事实，过高估计了较大电极表面剩余电荷密度和较高电解液浓度静电吸附体系的电容值。

　　紧密层和扩散层分别体现静电力作用和分子热运动作用，两者均有较为合理的理论依据。在汲取前两种模型中合理部分的基础上，德国汉堡工学院 Stern[4] 于 1924 年提出了 Gouy-Chapman-Stern 模型（又被称为 Stern 模型），认为界面静电吸附的相平衡状态由紧密层和扩散层两部分共同组成，见图 1.4。相应地，电势也

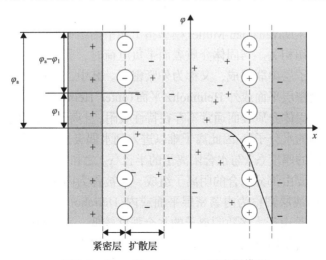

图 1.4　Gouy-Chapman-Stern 双电层模型

分为紧密层电势($\varphi_a - \varphi_1$)和扩散层电势(φ_1)。该模型进一步指出，在较高表面剩余电荷密度和电解液浓度体系中，静电作用力将占主导地位，离子的微观分布基本满足 Helmholtz 模型；而对于较低表面剩余电荷密度和电解液浓度体系，由于固体介质表面与离子间以及离子和离子之间较小的作用力，离子自身的热运动将发挥更为重要的作用，此时离子分散地分布在固体表面的电解液中，近似符合 Gouy-Chapman 模型。

目前，Gouy-Chapman-Stern 模型是被广泛采用的固液静电吸附模型，能够合理地解释大多数低浓度、低电势差静电吸附体系的实验结果。但是，受限于当时的理论水平和检测手段，该模型仍然是基于连续介质假设和德拜-休克尔近似的简化模型，将溶液的介电特性视为常数（即均匀的连续介质），把离子电荷看作连续分布的点电荷，没有考虑离子和溶剂分子的分子参数（尺寸、形状、体积、偶极矩、交互作用势能等）的影响，这导致其对固液静电吸附相平衡状态的描述仍然存在偏差。

上述模型由 Helmholtz 提出，并经 Gouy、Chapman 和 Stern 等改进，都没有考虑紧密层的结构和性质等相关细节。20 世纪 60 年代以来，包括美国科学家 Bockris[5]在内的许多学者在 Gouy-Chapman-Stern 模型的基础上，对紧密层结构进行了更详细的描述，其中，以 Bockris-Davanathan-Muller 模型为典型代表。该模型的主要贡献是进一步考虑了溶剂分子分子参数对界面相平衡状态的影响。水分子作为最常见的溶剂分子，具有强偶极矩特性，在范德瓦耳斯力（主要包括镜像力和色散力）和静电力的作用下，将在固体介质表面形成定向排列的偶极层。因此，Bockris-Davanathan-Muller 模型提出，固液相平衡状态是由紧密吸附在固体介质表面的水分子偶极层和水合离子层共同组成，如图 1.5 所示。其中，中心带点的圆圈表示水分子，围绕在阴阳离子周围形成了水合离子。

同时，Bockris-Davanathan-Muller 模型指出相平衡结构的具体组成与固体介质表面电荷种类密切相关。当固体介质表面带负电荷时，紧密层主要由水分子的偶极层和水合阳离子层串联组成，又称为外紧密层。其中，阳离子电荷中心所在的液层则称为外紧密层平面或外 Helmholtz 平面（outer Helmholtz plane，OHP）。这是由于阳离子与固体介质表面通常不存在特性吸附，且离子水合强度较高（即离子不容易失去周围的水分子），因此离子难以进入到水偶极层。此时，界面双电层的厚度为水偶极层的厚度(x_1)与水合阳离子的半径(x_2)之和。当固体介质表面带正电荷时，紧密层主要由部分水合的阴离子组成，又被称为内紧密层。其中，阴离子电荷中心所在的液层则称为内紧密层平面或内 Helmholtz 平面（inner Helmholtz plane，IHP）。这是由于大多数阴离子的水合强度较低，并且与固体表面存在特性吸附，所以在电场作用下阴离子会破坏水偶极层，取代水偶极层中的水分子并直接吸附到固体表面，形成内紧密层。此时，界面双电层的厚度仅为阴离子的半径，远小于外紧密层的厚度，这导致内紧密层的电容比外紧密层的电容大得多，这有效解释了微分电容曲线中 $q<0$ 时(对应于内紧密层)的电容(平台区)远高于 $q>0$ 时(对应于外紧密层)电容的实验现象。

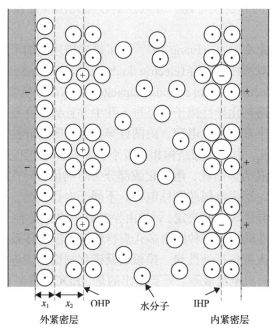

图 1.5　Bockris-Davanathan-Muller 模型

相比于 Gouy-Chapman-Stern 模型，Bockris-Davanathan-Muller 模型进一步考虑了溶剂分子的本身分子参数，以及溶剂分子与固体介质间和溶剂分子与离子间作用力，将紧密层分为内紧密层和外紧密层，更为准确地刻画了紧密层的结构细节。此外，该模型认为在带负电荷的固体介质表面，紧密层由水偶极层和水合阳离子层串联形成，紧密层的电容与阳离子的种类无关，只取决于水偶极层的性质，修正了 Gouy-Chapman-Stern 模型所得到紧密层电容随水合阳离子种类变化的错误结论。

1.4　静电吸附相平衡模型的新发展

整体而言，经典固液静电吸附理论是基于平均场理论的简化模型，一般只适用于描述低浓度(<0.01mol/L)和低压降(<25mV)的多孔介质体系。微纳米材料尺度的微小化使得基于连续性假设的经典理论不再适用，近年来的研究对经典理论模型进行了修正，提出一些新的理论模型。

对于大孔组成的固体介质材料，由于孔的曲率并不明显，在界面处电极可近似视为平面，其相平衡状态和电容可以通过经典静电吸附理论进行近似描述。但是，对于较小尺寸的中孔和微孔，由于受限空间的影响，电解液离子、溶剂分子与固体介质表面存在显著的表面作用。同时，电解液离子和溶剂分子在纳米尺度下呈现出显著的非连续特性，导致经典模型无法准确预测其相平衡状态和储能特性。

美国橡树岭国家实验室 Huang 等[7,8]为了精确描述碳纳米材料孔径和表面曲率的影响，提出了双圆柱状电容(electric double-cylinder capacitor，EDCC)模型和电线芯圆柱电容(electric wire in cylinder capacitor，EWCC)模型。EDCC 模型假定中孔是圆柱形的，溶剂化异性离子可以进入孔中并且到达孔壁，吸附的离子将在圆柱内表面形成一个双圆柱状电容，内圆柱半径为吸附的异性离子中心到中孔中心的距离。对于微孔，由于孔隙结构相对较小，离子和孔壁无法形成双圆柱结构。EWCC 模型假定微孔为圆筒状，溶剂化或部分去溶剂化的异性离子可以进入孔隙中，沿孔轴线排列，形成电线芯圆柱电容。不同于中孔模型，微孔内筒半径不是由最靠近孔壁上的异性离子所决定，而是由异性离子的有效半径决定。上述 EDCC 和 EWCC 模型可准确预测多种纳米多孔炭材料静电吸附体系的储能性能和相平衡状态，适用范围大致包括活性炭、模板碳及碳化物衍生碳等碳材料，以及相匹配的水系电解液、有机电解液等。需要指出的是，EDCC 模型和 EWCC 模型的应用是建立在对具有精细调控的孔或者单模孔径碳的分析上。对于兼具大孔、中孔及微孔的实际多孔炭材料，需要采取的方法是把大孔、中孔和微孔对电容的贡献分别通过不同的模型进行考虑，形成多层次孔状多孔炭模型[9]。

上述模型针对的是具有负表面曲率的多孔固体介质，构成了内嵌式双电层电容模型。针对洋葱碳等零维碳、一维封端碳纳米管和碳纳米纤维等正表面曲率的碳材料，美国橡树岭国家实验室Huang 等[10]进一步发展了外嵌式双电层电容模型。溶剂化的异性离子靠近荷电洋葱碳颗粒表面将形成外嵌式球形双电层电容(exohedral electric double-sphere capacitor，xEDSC)，溶剂化的异性离子和碳纳米管或者碳纳米纤维外壁会形成外嵌式圆柱形双电层电容(exohedral electric double-cylinder capacitor，xEDCC)[10]。针对狭缝状微孔，华中科技大学冯光课题组[11]提出了"三明治"模型，由两个极性相同的电极和位于两者正中间的异性离子层组成。由于两个电极共用异性离子的净电荷，可以认为狭缝孔电容由两个电容并联而成。

另外，在考虑表面电势、范德瓦耳斯作用力、离子尺寸、溶剂效应和介质饱和等因素影响的基础上，大量研究工作致力于发展基于 Poisson-Boltzmann 方程的固液静电吸附相平衡模型。但是，现有基于 Poisson-Boltzmann 方程的模型不能应用于无溶剂的电解液静电吸附体系，如室温离子液体和熔融盐等。针对此难题，英国帝国理工学院 Kornyshev 等[12]基于平均场理论，发展了适用于室温离子液体体系的理论模型，认为这类体系的双电层由内部紧密层和外部扩散层组成，并预测室温离子液体体系的微分电容曲线是贝壳状或驼峰状，与相关的实验测试结果吻合程度较高。

1.5　固液静电吸附离子输运特性

固液静电吸附是热力学非平衡态下的不可逆热力学过程，离子在孔隙结构中的输运特性决定了超级电容储能的电荷传输阻抗、倍率性能、功率性能等。多孔介质与电解液工质的匹配设计是降低过程不可逆性和提高功率密度的关键，这需要精确描述静电吸附非平衡传递过程，深刻理解微纳/飞秒时空尺度下的离子微观输运特性。

先进微观检测手段为精确地描述静电吸附过程和相平衡状态随时间演化过程提供了关键技术支撑，典型代表包括电化学石英晶体微天平、核磁共振检测和小角 X 射线/中子散射等。如图 1.6 所示，固液静电吸附过程中的离子输运主要有三种形式：①离子交换，即异性离子吸入和同性离子排出同时发生；②异性离子吸入主导；③同性离子排出主导。以下分别介绍石英晶体微天平、核磁共振、小角 X 射线散射等三种微观检测技术的原理，并举例介绍其在固液静电吸附输运特性方面的研究工作。

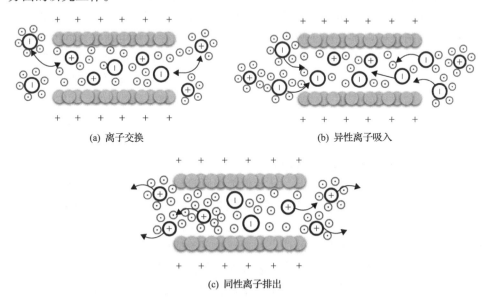

(a) 离子交换　　　　　　　　　　　(b) 异性离子吸入

(c) 同性离子排出

图 1.6　固液界面静电吸附能质传递过程中离子传输机制

石英晶体微天平(quartz crystal microbalance, QCM)是一种灵敏的质量检测仪器，其测量精度可达纳克级(0.1ng/cm²)，理论上可以检测到固体表面单分子层或单原子层级别的质量变化。石英晶体微天平基于压电效应。石英晶体因承载质量的变化发生机械形变并产生内电场，当外加特定频率的交变电场时，石英晶体会发生压电谐振并通过振荡电路输出与振荡相同频率的电信号。因此，通过测量振荡电路输出电信号的频率变化即可计算出石英晶体电极表面的质量变化。电化学石英晶体微天平(electrochemical quartz crystal microbalance, EQCM)是将石英晶体微天平应用于电化学测试的表征技术，通过实时检测固液静电吸附过程中固体介质的质量变化，基于离子的摩尔质量，进而获得热力学非平衡态条件下(即充放电过程中)电解液离子的输运规律[13-19]。

2009 年，以色列巴伊兰大学 Levi 等[13]首次利用电化学石英晶体微天平研究了水系电解液/活性炭静电吸附体系中的离子输运机制，发现当活性炭孔径大于电解液离子尺寸时，异性离子吸附主导了固液静电吸附过程。2010 年，该课题组针对有机电解液/活性炭静电吸附体系的研究进一步发现，离子输运特性与固体表面电荷密度和电势相关。随着表面电荷密度的增加，离子输运过程可分为三个阶段。在低表面电荷密度条件下，固液静电吸附过程以离子交换为主；中等表面电荷密度条件下，固液静电吸附过程以去溶剂化的异性离子吸附为主；高表面电荷密度条件下，固液静电吸附过程通过溶剂化的异性离子吸附实现。针对室温离子液体电解液/碳化物衍生碳静电吸附体系，美国橡树岭国家实验室 Tsai 等[14]通过电化学石英晶体微天平同样发现了离子输运机制与表面电荷密度的相关性。当固体表面存储正电荷时，低电荷密度下固液静电吸附过程以离子交换为主，高电荷密度下固液静电吸附过程以异性离子吸附为主；当固体表面存储负电荷时，固液静电吸附过程以异性离子吸附为主。Tsai 等[14]进一步发现在固体表面存储正电荷时，离子输运过程不受乙腈分子的影响，以离子交换为主；但是，在固体表面存储负电荷时，在乙腈分子的作用下，离子输运过程转变为以离子吸附为主。以上研究表明，非平衡态热力学条件下固液界面离子输运机制受到储能材料微观结构尺寸、电解液种类以及表面电荷密度等因素的影响[20]。

核磁共振(nuclear magnetic resonance, NMR)是指具有固定磁矩的原子核在磁场作用下吸收特定频率的电磁波，从较低能级跃迁到较高能级时与磁场发生能量交换的现象。核磁共振检测本质上是测定不同能态之间的能量差(即原子、分子或离子的吸收光谱)，当吸收的辐射能量与原子核能级差相等时，发生能级跃迁，并产生共振信号。核磁共振谱上的信号位置反映了物质的特征化学结构，信号强弱与待测物质的量有关。荷电固体介质表面在吸附离子前后，将表现出不同的核磁共振信号，在核磁共振谱图上会发生化学位移和强度的变化，进而可以分辨固液静电吸附前后离子在固液界面的吸附状态[21,22]。由于离子数目与核磁共振谱图上峰的强度成正比，还可以精确定量描述处于不同吸附状态(被吸附和未被吸附)的离子数目[21]。针对固液静电吸附的核磁共振检测需要在恒定电势条件下进行，即只有对固体介质施加恒定的电势，才能获得热力学平衡态条件下的核磁共振谱图[23-34]。当测试选取的电势间隔足够小时，可以根据各个电势下的离子吸附和排布特性，推测实际固液静电吸附过程的离子输运机制。

英国剑桥大学 Forse 等[26]将四乙基四氟硼酸铵/乙腈(TEABF$_4$/ACN)有机电解液中的氟原子标记为靶元素，通过核磁共振检测获得了不同电势条件下活性炭内阴离子的分布情况，以推测固液静电吸附过程中的离子输运规律。结果表明，当活性炭表面存储负电荷时，固液静电吸附过程以同性离子脱附为主导；当活性炭表面存储正电荷时，固液静电吸附过程中的离子输运机制与电势相关：在表面电势小于 0.75V 条件下，以离子交换为主导，在表面电势大于 0.75V 条件下，以异性离子吸附为主导。法国国家科学研究中心 Deschamps 等[25]利用核磁共振检测方法，研究了四乙基四氟硼酸铵/乙腈电解液离子在不同孔径活性炭内的输运行为，通过同时标记阴离子、阳离子和溶剂分子，发现该体系的固液静电吸附过程以离子交换为主导，并推测提高活性炭孔隙结构的不规则程度有利于提高储能性能。英国剑桥大学 Griffin 等[23]结合核磁共振和电化学石英晶体微天平检测技术，指出当活性炭表面存储负电荷时，主要发生异性离子吸附；当表面存储正电荷时，主要发生离子交换。该课题组还研究了 1-甲基-1-丙基吡咯烷双三氟甲磺酰亚胺([Pyr13][TFSI])和1-乙基-3-甲基咪唑双三氟甲磺酰亚胺([EMIM][TFSI])室温离子液体在活性炭中的传输机制，发现阴离子的传输主导了该体系的静电吸附储能过程[29]。Forse 等[35]还发现由于受限空间的影响，活性炭内的离子扩散系数比体相电解液中的扩散系数小两个数量级，且孔道内离子扩散系数大小与其浓度密切相关，即离子浓度越大，扩散越慢，其输运阻力也相应增加。

小角 X 射线散射(small angle X-ray scattering，SAXS)是指当 X 射线透过试样时，在偏离原光束 2°～5°的小角度范围内发生的散射现象。小角 X 射线散射现象的发生源自物质内部 1～100nm 量级范围内电子密度的起伏，对于完全均匀的物质，其散射强度为零，而当出现不均匀区域或有其他物质时才会发生散射，且散射强度受粒子尺寸、形状、分散情况、取向及电子密度分布等的影响。在研究固液静电吸附的过程中，小角 X 射线散射检测是通过散射信号获得离子在固体介质表面的分布情况，进而分析得到电解液中离子的输运机制[36]。小角中子散射(small angle neutron scattering，SANS)是与小角 X 射线散射类似的检测技术，区别是入射与发生散射的是中子。其技术优势在于对轻元素更敏感且可分辨同位素等。

奥地利莱奥本矿业大学 Prehal 等[37]利用小角 X 射线散射检测研究了多种离子在多孔炭电极内的输运机制。对于不同阳离子的水系电解液(氯化铯、氯化钾和氯化钠)，其固液静电吸附过程中的离子输运机制不受阳离子种类的影响，均以离子交换为主。另外，离子输运机制受电解液的浓度和充放电速率的影响：在低浓度电解液或者低充放电速率条件下，固液静电吸附过程以异性离子吸附为主；在高浓度电解液或者高充放电速率条件下，固液静电吸附过程以离子交换为主[38]。美国佐治亚理工学院 Boukhalfa 等[39]通过小角中子散射检测研究了不同电势下离子在活性炭孔道内的输运规律，发现只有当电势大于某一临界值时，电解液离子才能进入亚纳米孔道内，这一结论解释了循环伏安曲线中高电势下电流大于低电势下电流的现象。

1.6　纳米受限空间固液静电吸附

从实际工程应用角度看，采用具有高比表面积、高导电性的固体介质和高电导率的液相介质可以实现离子的高通量输运和高效率静电吸附。近十年来，固体介质的孔隙结构呈现出显著的纳米化发展趋势。纳米材料是指在三维空间中至少有一维处于纳米尺寸或由纳米结构作为基本组成单元的材料，具有巨大的比表面积以及纳米尺度下特殊的物理、化学、机械、光学和电磁学性质。经过数十年的发展，形成了化学组成多样、形态丰富的纳米材料家族，从单质到化合物，从零维的量子点到三维的多孔纳米网络，如洋葱碳、碳纳米管、石墨烯、过渡金属二硫化物、过渡金属氧化物、过渡金属碳化物、锂金属合金等。其中，以储量丰富、密度低、导电能力强为显著特征的碳纳米材料在超级电容储能领域得到了广泛的关注。纳米储能材料的设计与开发受到政府、工业界和学术界越来越广泛的重视。在液相电解液工质方面，主要的发展方向是拓宽工作电压窗口以提高储能能量密度，以及优化电导率以提高储能功率密度和倍率性能。近年来，逐渐从传统水系和有机电解液发展到室温离子液体、盐包水电解液、凝胶电解液以及多种电解液的混合工质。

新型储能纳米材料和电解液工质的开发显著提升了超级电容的关键储能性能，与此同时也带来一系列特殊效应，对静电吸附理论的发展提出了新的要求。纳米材料独特的形貌结构，使其在固液静电吸附相平衡状态和非平衡输运过程中表现出与传统多孔材料不同的现象与规律。例如，由石墨烯组成的二维纳米通道，其孔隙尺寸往往在纳米甚至亚纳米级，在静电吸附过程中呈现出不同于常规体系的扩散规律和排布结构。此外，纳米孔隙结构巨大的面积/体积比使其呈现出与常规材料更为强烈的表面特性和作用力，如毛细作用、粗糙度及亲疏水性质等，并且有一系列特殊的储能增强效应，如量子效应、边缘效应、近场增强效应等。这些都会显著影响固液静电吸附的相平衡状态。

传统观点认为，当纳米通道尺寸小于离子溶剂化直径时，由于空间位阻的影响，离子不能进入通道因而无法进行电能存储。但是，随着纳米可控制备技术的进步和先进检测手段的发展，研究者发现纳米尺度下的固液静电吸附过程存在异常的相平衡状态和储能增强现象，无法通过经典理论予以解释。其里程碑事件发生于 2006 年，美国德雷塞尔大学 Gogotsi 课题组 Chmiola 等[40]在 *Science* 期刊上报道指出，随着纳米通道尺寸减小（从 2.25nm 减小到 0.6nm），当通道尺寸与离子溶剂化直径相当时，比表面积电容存在异常增加行为。后续实验研究也报道了类似的趋势。例如，波兹南理工大学 Lota 等[41]发现，当电极材料的管径从 1.45nm 减小到 1.06nm 时，电极电容从 0.06F/m^2 显著增加到 0.12F/m^2；对于室温离子溶液，法国图卢兹第三大学 Simon 等[42]同样发现，当管径从 1.1nm 减小到 0.7nm 时，储能电容将迅速增加。这些发现与传统观点相背，也无法通过经典固液静电吸附理论进行解释。一般将上述特殊现象归结为"尺度效应"。

另外，以石墨烯为代表的二维纳米材料拥有丰富的、纳米级厚度的边缘结构，容易导致电子和离子的区域聚集，导致不同于传统平板结构的固液静电吸附相平衡状态，表现出储能"边缘效应"。最早于 1971 年，美国凯斯西储大学 Randin 和 Yeager[43]发现热解石墨烯边缘区域具有优异的电荷储存能力，其面积比电容（50～70μF/cm^2）显著高于主体平板部分（3μF/cm^2）。北京大学 Yuan 等[44]的电化学性能测试结果也表明，单层石墨烯边缘的电化学活性远高于主体平板部分，两者的面积比电容相差 4 个数量级。韩国忠南大学 Kim 等[45]发现碳布边缘区域的储能电容大约是非边缘区域的 3 倍。二维纳米材料的边缘呈现出储能增强的特性，其本质是边缘结构对固液静电吸附相平衡状态的影响，无法通过经典静电吸附理论予以合理的解释。

上述以尺度效应和边缘效应为代表的一系列研究表明，当前的固液静电吸附理论在精确描述界面相平衡状态和指导应用方面仍存在不足，需要更为深入的发展和进一步完善。

由于研究体系的空间尺度和时间尺度不断变小，实验研究的难度和成本大大增加，基于统计物理的先进模拟计算在其中发挥着越来越重要的作用。计算机算力在近年来的飞速提升，推动了理论数值计算在科学研究中的应用。针对固液静电吸附研究，常见的数值计算方法包括密度泛函理论（density functional theory，DFT）、分子动力学模拟（molecular dynamics simulation，MD）、蒙特卡罗（Monte Carlo，MC）模拟和有限元法（finite element method，EFM）等。其中，以分子动力学模拟的应用最为广泛。它基于玻恩-奥本海默近似，以原子为基本单位，结合经典势能参数，以牛顿第二定律为基础进行模拟计算[46-50]。对于热力学平衡态系统，可以通过适当的时间平均获得相平衡状态和热力学性质的统计平均值；对于热力学非平衡态过程，可以观察某段时间内传递过程和输运特性。因此，分子动力学模拟既可以研究复杂系统中的稳态性质（如固液静电吸附的相平衡状态），也可以模拟系统中的动态行为（如离子输运特性），能够在一定程度上提供实验中无法直接探测的纳米尺度微观信息，从而揭示固液静电吸附过程的原子层级机理。

针对常规多孔固体介质体系，法国巴黎第六大学 Merlet 等[51]最先使用分子动力学模拟研究固液静电吸附过程。他们构建了与真实的碳化物衍生碳材料微观结构相近的电极模型，研究了固液静电吸附过程中 1-丁基-3-甲基咪唑六氟磷酸盐（[BMIM][PF$_6$]）电解液离子的传输机制，并发现该体系中的固液静电吸附过程以离子交换为主。另外，在固体表面存储负电荷的过程中，同性离子脱附的占比更大；而在固体表面存储正电荷时，异性离子吸附的占比更大，这表明固液静电吸附过程中阴离子的传输速率要高于阳离子。此后，法国巴黎第六大学 Péan 等[52]通过结合分子动力学模拟与传输线模型，建立了微观离子传输行为与宏观电化学阻抗之间的内在关系，结果表明，电解液离子在多孔炭材料内的传输阻抗与其在体相电解液中的传输阻抗相当。英国帝国理工学院 Kondrat 等[53]通过调控固体介质表面自由能，探究了多孔介质壁面润湿特性对储能和传输的影响，发现疏电解液孔能够增强离子输运能力和降低阻抗。俄罗斯科学院高温联合研究所 Kislenko 等[54]利用分子动力学模拟研究了温度对静电吸附过程的影响，发现阴阳离子的相平衡状态对温度响应呈现出各向异性的特点。美国犹他大学 Vatamanu 等[55]通过分子动力学模拟研究，发现石墨烯平板电容与温度呈现出弱相关特征，但粗糙电极的电容却随着温度的升高而增加。南开大学 Liu 等[56]的研究表明电极电容随着温度升高先增加（从 450K 到 550K 阶段）后减小（从 550K 到 600K 阶段）。

针对纳米受限空间固液静电吸附体系，弗吉尼亚理工大学 He 等[57]通过分子动力学模拟，研究了充放电速率对二维纳米通道内的固液静电吸附过程的影响，发现在较低充放电速率下，离子的传输机制随着电势的升高先后经历了离子交换、同性离子脱附和异性离子吸附三个阶段。在高充放电速率下，固液静电吸附过程的离子输运以异性离子吸附为主。他们还通过平均场理论研究了室温离子液体电解液在二维亚纳米通道内的传输机制[53]，发现离子在二维亚纳米通道内的传输速率比体相电解液中高一个数量级，这与传统的认知有所不同。通过研究固体表面与离子之间的相互作用力关系，发现疏离子表面能够避免过量的离子进入二维受限通道，进而获得更快的充放电速率。华中科技大学 Mo 等[58]通过分子动力学模拟研究发现，离子在不同层间距二维通道内的扩散系数不同，固液静电吸附储能体系的充放电速率随二维通道层间距的增加而震荡变化。德国斯图加特大学 Breitsprecher 等[59]的分子动力学模拟研究结果表明，二维纳米通道内高浓度异性离子和低浓度同性离子相界面的形成会抑制同性离子传输，造成充放电速率减慢，而通过控制二维纳米通道表面电势的变化速率，能够有效避免上述情况发生，实现了快速固液静电吸附储能。

电化学石英晶体微天平、核磁共振等先进的检测技术也是研究纳米尺度下固液静电吸附和离子传输机制的重要手段。2019 年，法国索邦大学 Gao 等[60]利用电化学石英晶体微天平，研究了石墨烯表面官能团对固液静电吸附过程中离子传输机制的影响。以氯化钠作为电解液，研究发现，在石墨烯表面含氧官能团含量较高的条件下，固液静电吸附过程主要通过氯离子的传输实现，即固体表面存储负电荷时以氯离子(同性离子)脱附为主，存储正电荷时以氯离子(异性离子)吸附为主。在石墨烯表面氧官能团含量较低的条件下，固液静电吸附过程主要通过钠离子的传输实现，即固体表面存储负电荷时以钠离子(异性离子)吸附为主，存储正电荷时以钠离子(同性离子)脱附为主。同年，中国科技大学 Ye 等[61]通过电化学石英晶体微天平研究了单层石墨烯固液静电吸附储能过程中的离子传输机制，发现当石墨烯表面存储负电荷时静电吸附过程以离子交换为主，存储正电荷时静电吸附过程则以同性离子脱附为主。英国剑桥大学 Forse 等[35]利用核磁共振技术，研究了阴、阳离子在纳米通道中的扩散系数，指出纳米受限空间会显著降低离子的动力学性能(2 个数量级)。奥地利莱奥本矿业大学 Prehal 等[37]通过小角 X 射线散射技术，研究了纳米孔中离子浓度和角度分布，发现离子总浓度在充电、放电过程中基本保持不变。相关研究方兴未艾，是目前国际学术研究前沿和热点。

参 考 文 献

[1] Helmholtz H. Ueber einige Gesetze der Vertheilung elektrischer Ströme in körperlichen Leitern, mit Anwendung auf die thierisch-elektrischen Versuche (Schluss.)[J]. Annalen der Physik, 1853, 165(7): 353-377.

[2] Gouy M. Sur la constitution de la charge électrique à la surface d'un électrolyte[J]. Journal de Physique Théorique et Appliquée, 1910, 9(1): 457-468.

[3] Chapman D L. A contribution to the theory of electrocapillarity[J]. The Philosophical Magazine: A Journal of Theoretical Experimental and Applied Physics, 1913, 25(148): 475-481.

[4] Stern O. Zur theorie der elektrolytischen doppelschicht[J]. Zeitschrift Für Elektrochemie and Angewandte Physikalische Chemie, 1924, 30(21-22): 508-516.

[5] Bockris J O, Devanathan M A V, Muller K. On the structure of charged interfaces[J]. Proceedings of the Royal Society of London Series A: Mathematical and Physical Sciences, 1963, 274(1356): 55-79.

[6] 李荻. 电化学原理[M]. 北京: 北京航空航天大学出版社, 1999.

[7] Huang J S, Sumpter B G, Meunier V. Theoretical model for nanoporous carbon supercapacitors[J]. Angewandte Chemie-International Edition, 2008, 47(3): 520-524.

[8] Huang J S, Sumpter B G, Meunier V. A universal model for nanoporous carbon supercapacitors applicable to diverse pore regimes, carbon materials, and electrolytes[J]. Chemistry: A European Journal, 2008, 14(22): 6614-6626.

[9] Rufford T E, Hulicova-Jurcakova D, Zhu Z H, et al. Empirical analysis of the contributions of mesopores and micropores to the double-layer capacitance of carbons[J]. Journal of Physical Chemistry C, 2009, 113(44): 19335-19343.

[10] Huang J S, Sumpter B G, Meunier V, et al. Curvature effects in carbon nanomaterials: Exohedral versus endohedral supercapacitors[J]. Journal of Materials Research, 2010, 25(8): 1525-1531.

[11] Feng G, Qiao R, Huang J S, et al. Ion distribution in electrified micropores and its role in the anomalous enhancement of capacitance[J]. ACS Nano, 2010, 4(4): 2382-2390.

[12] Kornyshev A A. Double-layer in ionic liquids: Paradigm change?[J]. Journal of Physical Chemistry B, 2007, 111(20): 5545-5557.

[13] Levi M D, Salitra G, Levy N, et al. Application of a quartz-crystal microbalance to measure ionic fluxes in microporous carbons for energy storage[J]. Nature Materials, 2009, 8(11): 872-875.

[14] Tsai W Y, Taberna P L, Simon P. Electrochemical quartz crystal microbalance (EQCM) study of ion dynamics in nanoporous carbons[J]. Journal of the American Chemical Society, 2014, 136(24): 8722-8728.

[15] Levi M D, Sigalov S, Aurbach D, et al. *In situ* electrochemical quartz crystal admittance methodology for tracking compositional and mechanical changes in porous carbon electrodes[J]. Journal of Physical Chemistry C, 2013, 117(29): 14876-14889.

[16] Jäeckel N, Emge S P, Krüener B, et al. Quantitative information about electrosorption of ionic liquids in carbon nanopores from electrochemical dilatometry and quartz crystal microbalance measurements[J]. Journal of Physical Chemistry C, 2017, 121(35): 19120-19128.

[17] Srimuk P, Lee J, Budak Ö, et al. *In situ* tracking of partial sodium desolvation of materials with capacitive, pseudocapacitive, and battery-like charge/discharge behavior in aqueous electrolytes[J]. Langmuir, 2018, 34(44): 13132-13143.

[18] Wang S Y, Li F, Easley A D, et al. Real-time insight into the doping mechanism of redox-active organic radical polymers[J]. Nature Materials, 2019, 18(1): 69-75.

[19] Lé T, Aradilla D, Bidan G, et al. Unveiling the ionic exchange mechanisms in vertically-oriented graphene nanosheet supercapacitor electrodes with electrochemical quartz crystal microbalance and ac-electrogravimetry[J]. Electrochemistry Communications, 2018, 93: 5-9.

[20] Levi M D, Levy N, Sigalov S, et al. Electrochemical quartz crystal microbalance (EQCM) studies of ions and solvents insertion into highly porous activated carbons[J]. Journal of the American Chemical Society, 2010, 132(38): 13220-13222.

[21] Harris P J F. New perspectives on the structure of graphitic carbons[J]. Critical Reviews in Solid State and Materials Sciences, 2005, 30(4): 235-253.

[22] Forse A C, Griffin J M, Presser V, et al. Ring current effects: Factors affecting the NMR chemical shift of molecules adsorbed on porous carbons[J]. Journal of Physical Chemistry C, 2014, 118(14): 7508-7514.

[23] Griffin J M, Forse A C, Tsai W Y, et al. *In situ* NMR and electrochemical quartz crystal microbalance techniques reveal the structure of the electrical double layer in supercapacitors[J]. Nature Materials, 2015, 14(8): 812-819.

[24] Wang H, Köester T K J, Trease N M, et al. Real-time NMR studies of electrochemical double-layer capacitors[J]. Journal of the American Chemical Society, 2011, 133(48): 19270-19273.

[25] Deschamps M, Gilbert E, Azais P, et al. Exploring electrolyte organization in supercapacitor electrodes with solid-state NMR[J]. Nature Materials, 2013, 12(4): 351-358.

[26] Forse A C, Griffin J M, Wang H, et al. Nuclear magnetic resonance study of ion adsorption on microporous carbide-derived carbon[J]. Physical Chemistry Chemical Physics, 2013, 15(20): 7722-7730.

[27] Griffin J M, Forse A C, Wang H, et al. Ion counting in supercapacitor electrodes using NMR spectroscopy[J]. Faraday Discussions, 2014, 176: 49-68.

[28] Ilott A J, Trease N M, Grey C P, et al. Multinuclear *in situ* magnetic resonance imaging of electrochemical double-layer capacitors[J]. Nature Communications, 2014, 5: 4536.

[29] Forse A C, Griffin J M, Merlet C, et al. NMR study of ion dynamics and charge storage in ionic liquid supercapacitors[J]. Journal of the American Chemical Society, 2015, 137(22): 7231-7242.

[30] Luo Z X, Xing Y Z, Liu S B, et al. Dehydration of ions in voltage-gated carbon nanopores observed by *in situ* NMR[J]. Journal of Physical Chemistry Letters, 2015, 6(24): 5022-5026.

[31] Wang H, Forse A C, Griffin J M, et al. *In situ* NMR spectroscopy of supercapacitors: Insight into the charge storage mechanism[J]. Journal of the American Chemical Society, 2013, 135(50): 18968-18980.

[32] Luo Z X, Xing Y Z, Ling Y C, et al. Electroneutrality breakdown and specific ion effects in nanoconfined aqueous electrolytes observed by NMR[J]. Nature Communications, 2015, 6: 6358.

[33] Zhou X Y, Xu K P, Ni P, et al. Determination of polymer crystallinity by the multivariable curve resolution method in ^{13}C solid NMR spectrum[J]. Solid State Nuclear Magnetic Resonance, 2017, 85-86: 34-40.

[34] Wang Y Y, Malveau C, Rochefort D. Solid-state NMR and electrochemical dilatometry study of charge storage in supercapacitor with redox ionic liquid electrolyte[J]. Energy Storage Materials, 2019, 20: 80-88.

[35] Forse A C, Griffin J M, Merlet C, et al. Direct observation of ion dynamics in supercapacitor electrodes using *in situ* diffusion NMR spectroscopy[J]. Nature Energy, 2017, 2(3): 16216.

[36] 罗民, 杨顺, 李海波. 电化学电容器储能机理的原位表征技术研究进展[J]. 中国科学:化学, 2018, 48(1): 31-44.

[37] Prehal C, Weingarth D, Perre E, et al. Tracking the structural arrangement of ions in carbon supercapacitor nanopores using *in situ* small-angle X-ray scattering[J]. Energy & Environmental Science, 2015, 8(6): 1725-1735.

[38] Prehal C, Koczwara C, Amenitsch H, et al. Salt concentration and charging velocity determine ion charge storage mechanism in nanoporous supercapacitors[J]. Nature Communications, 2018, 9(11): 4145.

[39] Boukhalfa S, Gordon D, He L L, et al. *In situ* small angle neutron scattering revealing ion sorption in microporous carbon electrical double layer capacitors[J]. ACS Nano, 2014, 8(3): 2495-2503.

[40] Chmiola J, Yushin G, Gogotsi Y, et al. Anomalous increase in carbon capacitance at pore sizes less than 1 nanometer[J]. Science, 2006, 313(5794): 1760-1763.

[41] Lota G, Centeno T A, Frackowiak E, et al. Improvement of the structural and chemical properties of a commercial activated carbon for its application in electrochemical capacitors[J]. Electrochimica Acta, 2008, 53(5): 2210-2216.

[42] Largeot C, Portet C, Chmiola J, et al. Relation between the ion size and pore size for an electric double-layer capacitor[J]. Journal of the American Chemical Society, 2008, 130(9): 2730-2731.

[43] Randin J P, Yeager E. Differential capacitance study of stress-annealed pyrolytic graphite electrodes[J]. Journal of the Electrochemical Society, 1971, 118(5): 711-714.

[44] Yuan W J, Zhou Y, Li Y R, et al. The edge- and basal-plane-specific electrochemistry of a single-layer graphene sheet[J]. Scientific Reports, 2013, 3: 2248.

[45] Kim T, Lim S, Kwon K, et al. Electrochemical capacitances of well-defined carbon surfaces[J]. Langmuir, 2006, 22(22): 9086-9088.

[46] Clementi E, Corongiu G, 帅志刚, 等. 从原子到大分子体系的计算机模拟——计算化学 50 年[J]. 化学进展, 2011, 23(9): 1795-1830.

[47] 陈正隆, 徐为人, 汤立达. 分子模拟的理论与实践[M]. 北京: 化学工业出版社, 2007.

[48] Lee J G. Computational Materials Science: An Introduction[M]. Boca Raton: CRC Press, 2016.

[49] Rapaport D C. The Art of Molecular Dynamics Simulation[M]. Cambridge: Cambridge University Press, 2004.

[50] Bo Z, Li C W, Yang H C, et al. Design of supercapacitor electrodes using molecular dynamics simulations[J]. Nano-Micro Letters, 2018, 10(2): 33.

[51] Merlet C, Rotenberg B, Madden P A, et al. On the molecular origin of supercapacitance in nanoporous carbon electrodes[J]. Nature Materials, 2012, 11(4): 306-310.

[52] Péan C, Merlet C, Rotenberg B, et al. On the dynamics of charging in nanoporous carbon-based supercapacitors[J]. ACS Nano, 2014, 8(2): 1576-1583.

[53] Kondrat S, Wu P, Qiao R, et al. Accelerating charging dynamics in subnanometre pores[J]. Nature Materials, 2014, 13(4): 387-393.

[54] Kislenko S A, Amirov R H, Samoylov I S. Influence of temperature on the structure and dynamics of the [BMIM][PF$_6$] ionic liquid/graphite interface[J]. Physical Chemistry Chemical Physics, 2010, 12(37): 11245-11250.

[55] Vatamanu J, Xing L D, Li W S, et al. Influence of temperature on the capacitance of ionic liquid electrolytes on charged surfaces[J]. Physical Chemistry Chemical Physics, 2014, 16(11): 5174-5182.

[56] Liu X H, Han Y N, Yan T Y. Temperature effects on the capacitance of an imidazolium-based ionic liquid on a graphite electrode: A molecular dynamics simulation[J]. ChemPhysChem, 2014, 15(12): 2503-2509.

[57] He Y D, Huang J S, Sumpter B G, et al. Dynamic charge storage in ionic liquids-filled nanopores: Insight from a computational cyclic voltammetry study[J]. Journal of Physical Chemistry Letters, 2015, 6(1): 22-30.

[58] Mo T M, Bi S, Zhang Y, et al. Ion structure transition enhances charging dynamics in subnanometer pores[J]. ACS Nano, 2020, 14(2): 2395-2403.

[59] Breitsprecher K, Holm C, Kondrat S. Charge me slowly, I am in a hurry: Optimizing charge-discharge cycles in nanoporous supercapacitors[J]. ACS Nano, 2018, 12(10): 9733-9741.

[60] Gao W L, Debiemme-Chouvy C, Lahcini M, et al. Tuning charge storage properties of supercapacitive electrodes evidenced by in situ gravimetric and viscoelastic explorations[J]. Analytical Chemistry, 2019, 91(4): 2885-2893.

[61] Ye J L, Wu Y C, Xu K, et al. Charge storage mechanisms of single-layer graphene in ionic liquid[J]. Journal of the American Chemical Society, 2019, 141(42): 16559-16563.

第 2 章　相平衡状态

相平衡状态是固液静电吸附热力学的重要研究内容。一方面，相平衡状态与固液介质的特性，如固体介质表面特性、溶剂分子极性、离子类型及尺寸等密切相关。另一方面，随着固体介质孔隙结构的纳米化发展，固液静电吸附的相平衡状态呈现出一系列特殊效应。本章介绍了固液介质特性对相平衡状态的影响，以及纳米受限空间静电吸附尺度效应和边缘效应的物理机制。

2.1　固液介质特性对相平衡状态的影响

在固体介质荷电后，电解液中的离子从液相介质中的自由分布状态转变为固体介质表面的紧密吸附状态，同时将一部分输入的电能转化为静电势能加以储存。静电势能宏观上表现为储能能量，在微观层面由固液界面的相平衡状态决定。固液静电吸附是一个复杂多因素耦合作用过程，要精确描述其相平衡状态，需要综合考虑固体介质的表面特性、固液界面的电场作用以及离子和溶剂分子本身分子参数的影响。本节通过分子动力学模拟方法分析液相工质离子类型、溶剂分子极性和固体介质表面自由能等对界面相平衡状态的影响。

2.1.1　研究方法及模型构建

基于平板型固体介质建立固液静电吸附分子动力学模型。如图 2.1 所示，正极和负极材料均由三层石墨烯板构成，对称电极之间以电解液工质填充。沿着 X

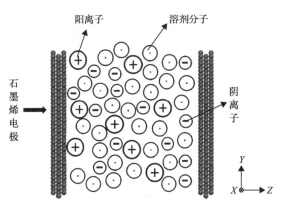

图 2.1　非受限空间平板型电极分子动力学模拟模型图

和 Y 方向的尺寸超过 30Å,沿 Z 方向的尺寸根据电解液离子和溶剂分子类型设定。一般情况下,水系电解液沿 Z 方向尺寸超过 50Å,有机电解液则超过 100Å,以确保中间区域的电解液能在静电吸附过程达到热力学平衡状态时保持电中性状态,且浓度接近初始设定的体相状态,进而提高分子动力学模拟结果的可靠性。

在分子动力学模拟之前,需要预先设定电极表面的电荷或电势。针对平板型电极,选择了恒电荷密度方法,即通过在电极表面施加一定量的电荷密度,模拟静电吸附过程中固体介质表面电场对液相中离子和溶剂分子排布结构的影响。根据静电吸附的不同阶段,将正负两极的表面电荷密度分别设定为 $0\sim15\mu C/cm^2$ 和 $-15\sim0\mu C/cm^2$。

分子动力学模拟计算采用免费开源的大规模原子分子并行模拟器(large-scale atomic/molecular massively parallel simulator,LAMMPS),计算结果的图像化处理采用分子动力学可视化软件(visual molecular dynamics,VMD)。模拟过程中,不考虑电极自身的形变和空间位移,将固体介质中的碳原子固定不动且保持刚性。为了模拟实际电解液的热力学性质,采用正则系统(NVT),并采用 Nosé-Hoover 方法控制温度在 300K,离子和溶剂分子数量根据电解液浓度和体系压强调控。范德瓦耳斯作用力的短程截断半径是 12Å,长程库仑力通过 PPPM 方法描述,计算精确度为 10^{-5}。以 Verlet 算法积分牛顿方程,时间步长为 1fs。在分子动力学模拟过程中,首先初始运行 $5\sim10$ns 达到热力学平衡状态,后续 $5\sim20$ns 开展数据统计和分析工作。

合理选择势函数及参数是准确描述粒子间交互作用和确保分子动力学模拟结果可靠性的关键。对于水系电解液固液静电吸附体系,碱金属阳离子和卤素阴离子采用简化的刚体球模型,对水分子势能的描述采用简单点电荷扩展模型(simple point charge extended model),其中键长 r_{OH} 为 1.0Å,键角 θ_{HOH} 设定为 109.47°,具体参数见表 2.1。该势能模型的参数已被广泛地应用于探究水系电解液在界面区域的微观结构和动力学特征。对于四乙基四氟硼酸铵(tetraethylammonium tetrafluoroborate,TEABF₄)有机电解液体系,四乙基铵阳离子(TEA⁺)的势函数来自美国斯克利普斯研究所 Wang 等[1]提出的力场参数(general amber force field,GAFF),四氟硼酸阴离子(BF_4^-)的势函数取自北京化工大学汪文川等的工作,碳酸二甲酯(dimethyl carbonate,DMC)分子的 Lennard-Jones 势能参数参照罗马第一大学 Gontrani 等[2]的设置,乙腈(acetonitrile,ACN)、γ-丁内酯(γ-butyrolactone,GBL)、碳酸丙烯酯(propylene carbonate,PC)分子的力场参数分别取自 Wu 等[3]、西班牙加泰罗尼亚理工大学 Masia 等[4]、Wang 等[1]的工作,电荷分配采用美国阿拉莫斯国家实验室 Yang 等[5]的优化设定。另外,离子或分子中所有的 C—H 键都根据 Shake 算法进行约束[3]。

表 2.1　电解液离子、水分子及碳原子势能参数[6]

类型	电荷量 q/e	原子直径 σ/Å	原子势能 ε/(kcal/mol)
C	—	3.40	0.0557
O	−0.8476	3.166	0.1554
H	+0.4238	—	—
Li$^+$	+1	1.505	0.100
Na$^+$	+1	2.254	0.100
K$^+$	+1	3.331	0.100
Cs$^+$	+1	3.742	0.100
Cl$^-$	−1	4.401	0.100

分子动力学模拟中，离子、溶剂分子和电极碳原子间相互作用势能主要包括范德瓦耳斯力(以常见的 Lennard-Jones 12-6 形式描述)和库仑作用力：

$$E_{ij} = 4\varepsilon_{ij}\left[\left(\frac{\sigma_{ij}}{r_{ij}}\right)^{12} - \left(\frac{\sigma_{ij}}{r_{ij}}\right)^{6}\right] + \frac{q_i q_j}{r_{ij}} \tag{2.1}$$

式中，q_i、r_{ij}、ε_{ij} 和 σ_{ij} 分别为第 i 个粒子(包括原子、分子、离子)的电荷量、第 i 和第 j 个粒子间的距离、第 i 和第 j 个粒子间的最低势能及势能为零时的粒子间距离。

2.1.2　离子类型的影响

离子类型对静电吸附相平衡状态和储能性能有重要影响。选择四种具有不同特征尺寸的典型碱金属阳离子，包括 Li$^+$(离子直径为 1.20Å)、Na$^+$(离子直径为 1.90Å)、K$^+$(离子直径为 2.66Å)、Cs$^+$(离子直径为 3.72Å)，以及四种不同尺寸的典型卤素阴离子，包括 F$^-$(离子直径为 2.32Å)、Cl$^-$(离子直径为 3.28Å)、Br$^-$(离子直径为 3.60Å)和 I$^-$(离子直径为 4.10Å)，构建分子动力学模型并进行计算。

数密度是分析固液静电吸附相平衡状态的重要参数。数密度是指单位体积内某种粒子(如原子、离子)的数量。在分子动力学模拟中，电解液离子和溶剂分子的数密度是表征相平衡状态和微观结构的主要方式，可通过式(2.2)计算：

$$n(z) = \frac{1}{L_x L_y \Delta z} \sum_i \delta(z - z_i) \tag{2.2}$$

式中，z 为离子和溶剂分子的空间坐标位点，$n(z)$ 即表示坐标 z 处的数密度；L_x、L_y 分别为石墨烯平板电极沿着 X 和 Y 方向的尺寸；$\sum\limits_i \delta(z - z_i)$ 为在 Z 方向上的一个长度小单元(Δz)内的粒子数量。

结果表明，固液静电吸附相平衡状态表现出明显的非均匀分布和分层结构特性。图 2.2 表示氧原子、氢原子、阳离子和阴离子的数密度分布。水分子的数密度在固液两相界面区域表现出多层排布结构，显著区别于宏观体相的均匀分布结构，这主要来自固液界面的范德瓦耳斯力和库仑力作用。另外，随着阳离子尺寸增加，水分子的分层结构更为显著。具体表现在，从 Li$^+$ 到 Cs$^+$，水分子第一峰的数密度增长了 63.6%，氢原子与电极壁面的距离也缩短了 0.3Å（从 3.5Å 到 3.2Å）。该现象主要因为离子水合强度的下降，从 Li$^+$ 到 Cs$^+$，离子尺寸增加了 3 倍以上，导致其保持周围溶剂层的能力下降，即水合强度减弱。在此情况下，相平衡结构内溶剂分子的排布将主要受固体介质表面电场和范德瓦耳斯作用力的影响，导致其数密度明显提高。

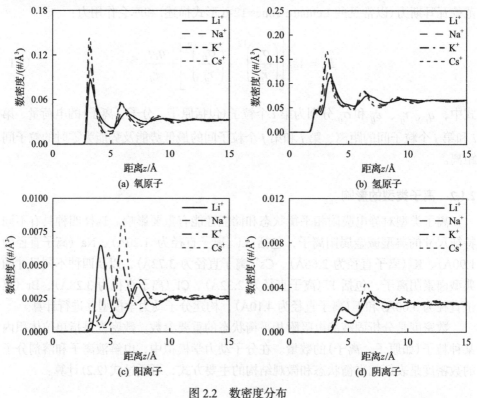

图 2.2 数密度分布

离子尺寸对相平衡结构有着显著影响，具有较大尺寸的离子将失去部分溶剂层，并形成明显的内 Helmholtz 层。从图 2.2(c) 和 (d) 可看出，随着阳离子尺寸增加，离子排布位置将更加远离壁面。具体表现为，Li$^+$、Na$^+$、K$^+$ 和 Cs$^+$ 与石墨烯电极壁面的距离分别为 4.1Å、4.8Å、5.7Å 和 6.0Å。不同于其他离子，Cs$^+$ 与水分子排布在同一平面，失去了部分溶剂层，在电极界面形成了内 Helmholtz 层，这与离子-电极和离子-溶剂的交互作用密切相关。如图 2.3 所示，随着离子尺寸增加，离子-溶剂作用势能将下降，导致水合结构更为松散。德国凯泽斯劳滕大学 Reiser 等[7]的研究也证实，Li^+、Na^+、K^+ 和 Cs^+ 失去一个水分子所消耗的能量分别为 $5.1k_BT$、$4.8k_BT$、$1.8k_BT$ 和 $1.0k_BT$，k_BT 为玻尔兹曼常数(k_B)和温度(T)的乘积，该数值随着离子尺寸增加而单调下降了 80.4%。因此，在强电场(高达 $10^8 \sim 10^9 \mathrm{V/m}$)和强固液静电作用力作用下，$Cs^+$ 将发生去溶剂化现象，形成内 Helmholtz 层。

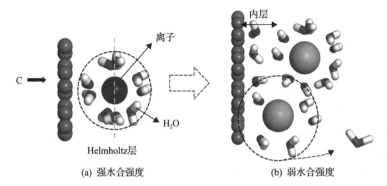

(a) 强水合强度　　　　　　　(b) 弱水合强度

图 2.3　强水合强度和弱水合强度离子的界面相平衡结构示意图

　　基于所得数密度分布，通过积分泊松方程，分析了离子类型对固液界面的电势分布的影响。首先，在固体介质不带电情况下，电势随着离子尺寸增加而单调减小，这与界面区域水分子中氧原子的数密度增加相吻合。例如，Li^+、Na^+、K^+ 和 Cs^+ 体系的零电荷电势分别为 0.370V、0.365V、0.198V 和 0.109V。

　　在固体介质荷电情况下，固体介质附近的总电势 U_{total} 曲线表现为多峰结构，不同类型离子具有类似的电势分布。图 2.4 表示离子电势、溶剂电势和总电势分布曲线。其中，总电势由离子电势和溶剂电势共同决定。如图 2.4(c) 所示，在 Helmholtz 层内,总电势呈现出显著的震荡行为，随着 Z 方向距离增加而逐渐收敛。

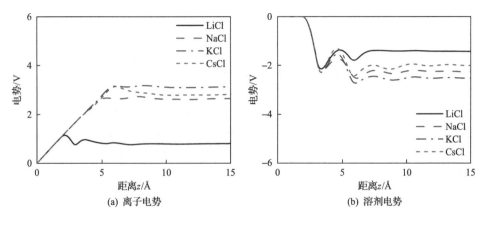

(a) 离子电势　　　　　　　　　　　(b) 溶剂电势

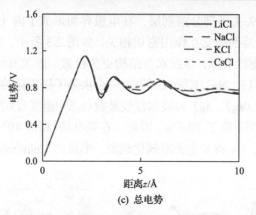

(c) 总电势

图 2.4　固体介质表面的电势分布

尽管阳离子大小能够明显地影响相平衡状态，但是不同类型离子条件下静电吸附的总电势曲线分布基本一致。

离子电势总体上随着离子尺寸的增加而增加。通过分解总电势曲线，量化了离子和溶剂分子对电极电势的贡献。如图 2.4(a) 所示，离子电势的第一峰位置随着离子尺寸增加而逐渐远离电极壁面，与数密度分布相吻合。例如，对于 Li$^+$和 Cs$^+$离子，其峰值分别在距离电极壁面 2.5Å 和 6.0Å 处。离子排布位置越靠近电极壁面越有利于电场屏蔽，导致离子电势下降。图中可见，Li$^+$、Na$^+$、K$^+$和 Cs$^+$ 电势峰值分别为 1.14V、2.67V、3.16V 和 3.1V。由于水合强度低，Cs$^+$发展了内 Helmholtz 层，更加靠近壁面，使得其离子电势低于 K$^+$。

对于水分子，溶剂电势的峰值绝对值随离子尺寸的增加先升高后下降。如图 2.4(b) 所示，Li$^+$、Na$^+$、K$^+$和 Cs$^+$离子电势峰值分别为 2.14V、2.53V、2.72V 和 2.43V。溶剂的屏蔽能力主要与其介电常数(ε_r)有关，可通过式(2.3)计算[8]：

$$\varepsilon_r = n^2 + \frac{\langle M^2 \rangle - \langle M \rangle^2}{3Vk_BT\varepsilon_0} \tag{2.3}$$

式中，M 为体系的瞬时偶极矩；ε_0 为真空介电常数；V 为所研究体系体积。对于 Li$^+$、Na$^+$、K$^+$和 Cs$^+$，其界面相平衡结构中水分子的介电常数分别为 6.95、9.33、10.42 和 8.20，显著低于体相溶液的介电常数(78)。这主要是由于界面处离子-溶剂和壁面-溶剂的交互作用破坏了溶液本身连续的氢键结构，使介电常数降低。随着离子尺寸增加，离子-溶剂作用势能下降，溶剂在离子周围的停留时间显著降低，其中 Li$^+$、Na$^+$、K$^+$和 Cs$^+$的停留时间分别为 8.27ps、5.91ps、2.01ps 和 1.13ps。因此，对于具有较大离子尺寸的固液静电吸附体系，溶剂分子能够更加容易地调整位置或角度来屏蔽界面电场，使得电极电势下降。

在采用平板电极的情况下，即不考虑孔隙的空间约束作用条件下，离子的尺寸对宏观储能性能的影响不显著。如图 2.5 所示，对于负极，从 Li⁺到 Cs⁺，离子尺寸从 1.2Å 增加到 3.7Å，但其负极电容变化仅为 3.4%，正极电容变化仅为 2.9%。

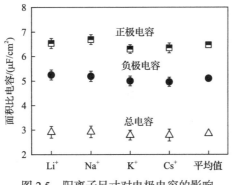

图 2.5　阳离子尺寸对电极电容的影响

阴离子尺寸对储能性能的影响也存在类似的变化规律。如图 2.6 所示，从 F⁻到 I⁻，阴离子尺寸从 2.32Å 增加到 4.1Å，增长幅度为 76.7%，而负极电容仅变化了 1.5%，正极电容减小了 1.0%。

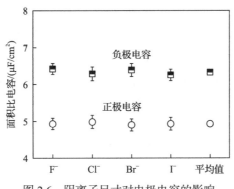

图 2.6　阴离子尺寸对电极电容的影响

2.1.3　溶剂极性的影响

针对目前商用最广泛的有机电解液静电吸附体系，以 TEABF₄ 为电解质，分别选择碳酸二甲酯(DMC)、乙腈(ACN)、γ-丁内酯(γ-GBL)和碳酸丙烯酯(PC)作为溶剂，探究溶剂特性对固液静电吸附相平衡状态的影响，重点关注溶剂分子极性对离子相对数密度、角度分布和储能性能的作用机制。

构建了 TEA⁺阳离子和 BF₄⁻阴离子体系的分子动力学计算模型，四种溶剂分子的化学结构如图 2.7 所示。为量化溶剂分子参数，采用"偶极矩"来表征四种溶剂分子的极性。偶极矩是描述微观体系中分子极性的常用物理量，单位为"Debye"

或 "D"，偶极矩越大，说明分子的极性越强。对于一个包含 N 个原子的分子，其分子偶极矩可由式(2.4)确定：

$$p = \sum_{i=1}^{N} q_i (r_i - r_c) \qquad (2.4)$$

式中，q_i 为第 i 个原子所带电荷量；r_i 为第 i 个原子位置矢量；r_c 为分子质量中心所在位置矢量。DMC、ACN、γ-GBL、PC 四种溶剂分子的偶极矩分别计算为 0.99 D、3.61 D、4.34 D 和 5.01 D。

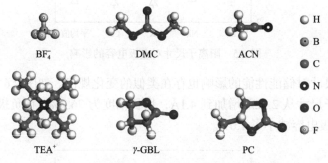

图 2.7　电解液离子和不同溶剂分子的结构示意图

　　在采用不同溶剂分子的固液静电吸附体系中，由于离子和溶剂分子数密度存在较大差异，直接比较不同体系之间的绝对数密度是不合理的。因此，考虑采用"相对数密度"作为对比不同系统性质和性能的关键参数。相对数密度是指在一定区域内电解液离子或分子的数密度与该粒子在参考位置数密度的比值。其中，参考位置定义为研究体系中体相溶液所在的区域。相对数密度可以通过式(2.5)计算获得：

$$N(z) = \frac{n(z)}{n_{bulk}} \qquad (2.5)$$

式中，$n(z)$ 为离子或分子在 z 位置的数密度；n_{bulk} 为离子或分子在体相溶液中的数密度。

　　对于四种不同的溶剂分子，固液静电吸附体系的相平衡状态都包含紧密层及阴阳离子层交替分布的扩散层。图 2.8 为负极区域阴离子、阳离子与溶剂分子的相对数密度分布。在固体介质附近区域，形成了由阳离子组成的紧密层。而在较远的扩散层中，同时存在阳离子峰和阴离子峰，形成了由阴阳离子层交替分布的扩散层。阴阳离子层交替分布的现象说明，在有机电解液体系中，阴离子和阳离子之间存在强烈的交互作用。

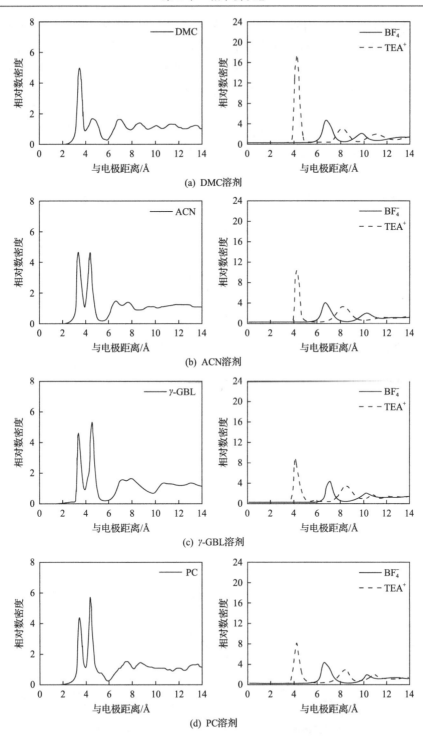

图 2.8　负极附近不同电解液离子和溶剂分子的相对数密度分布

　　另外，对于四种不同的溶剂分子，阳离子的第一个数密度峰均出现在距电极壁面 4.5Å 左右的位置，与溶剂的性质关联不大。另外，阳离子与电极壁面碳原子的实际距离小于 TEA$^+$ 水合离子半径和碳原子范德瓦耳斯半径之和，说明 TEA$^+$ 阳离子发生了去溶剂化现象。这是由于离子与溶剂分子间较弱的交互作用，导致阳离子在紧密层内直接与电极壁面接触，与 Bockris-Davanathan-Muller 模型所描述的现象相似[9]。不同于阳离子，溶剂分子的相对数密度在四个体系的紧密层均出现了双峰结构。第一个峰出现在距电极壁面 3.6Å 处，第二个峰出现在距电极壁面 4.7Å 处，表明溶剂分子在负极附近有两种较为稳定的状态。

　　正极附近的电解液表现出与负极相似的相平衡结构。如图 2.9 所示，在四种溶

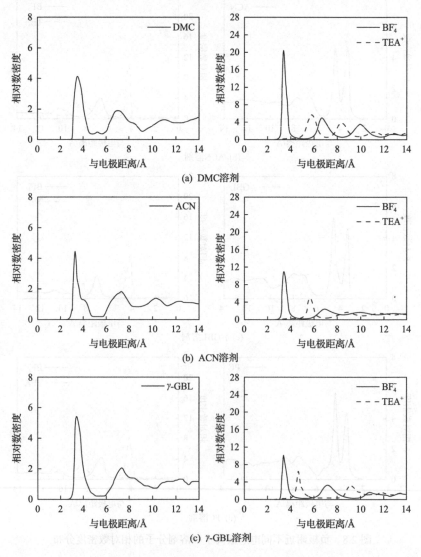

(a) DMC溶剂

(b) ACN溶剂

(c) γ-GBL溶剂

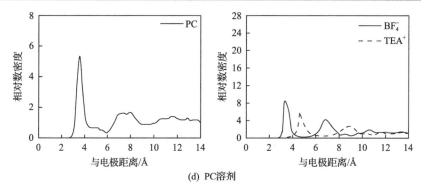

(d) PC溶剂

图 2.9　正极附近不同电解液离子和溶剂分子的相对数密度分布

剂的静电吸附体系中，BF_4^- 阴离子在紧密层均存在明显的峰值，且位于相同的位置（距电极壁面 3.6Å 处），说明紧密层的厚度与阴离子的种类无关。同时，与电极壁面较小的间距，同样表明去溶剂化现象的发生。在远离正极壁面的扩散层，阴阳离子也发生了分层交替排布现象。不同的是，在正极的紧密层区域没有出现溶剂分子的双峰结构，而是主要以单峰的形式存在（距电极壁面 3.3Å 到 4.5Å 的位置）。

　　由于 DMC、ACN、γ-GBL、PC 四种溶剂分子的分子结构和形状较为复杂，仅通过数密度分布全面描述和刻画其相平衡结构，还需要考虑其角度分布情况。这可以通过溶剂分子偶极方向与电极平面法向量的夹角(θ)体现，定义为

$$\theta = \langle p, n \rangle \tag{2.6}$$

式中，n 为电极所在平面的法向量，其方向与模型体系的 Z 方向平行。

　　溶剂分子在荷电电极附近的排列具有明显的取向性。图 2.10 为不同电解液中的溶剂分子分别在正负电极附近的角度(以余弦值表示)分布。随着与电极表面距离增加，溶剂分子的方向出现规律性的改变。溶剂分子的排布方向从几乎垂直于电极表面法向($\theta = 90°$)逐步往平行方向变化。例如，在负极附近，DMC、ACN、GBL 和 PC 溶剂分子角度达到峰值，分别为 57°、24°、27° 和 35°。

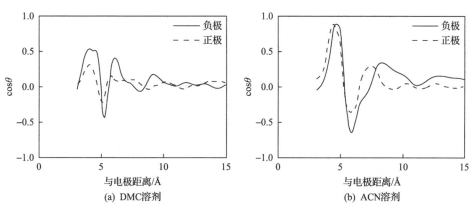

(a) DMC溶剂　　　　　　　　　　　　　　　　(b) ACN溶剂

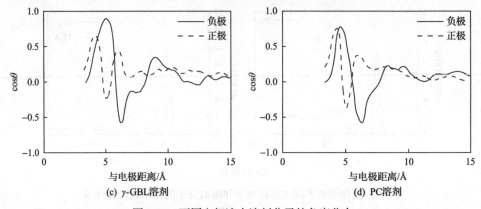

(c) γ-GBL溶剂   (d) PC溶剂

图 2.10 不同电解液中溶剂分子的角度分布

另外，溶剂分子的角度分布可以解释其在负极附近出现双峰分布的现象。下面以 TEABF$_4$/GBL 电解液体系为例进行说明。如图 2.11 所示，在距离电极壁面 3.6Å 处，均采用 γ-GBL 溶剂分子平行于负极表面排列，并形成了双峰中的第一个密度峰；在距离电极壁面 4.7Å 附近，溶剂分子的角度发生了变化，转向与电极壁面垂直的方向，并形成了第二个密度峰。溶剂分子与电极之间相互作用随距离的增加而变化，是引起分子角度改变的主要原因。在距离电极壁面 3.6Å 处，分子与电极之间的非静电作用(范德瓦耳斯力)占主导地位。但是这种非静电作用是一种短程力，随着与电极壁面的距离增加，作用力迅速减小，溶剂分子与电极之间的长程静电力逐渐成为主导作用力。而静电力的作用效果牵引分子按其偶极矩与电场方向平行的方向排布，即驱使溶剂分子与电极壁面垂直排布，最终导致了双峰结构。

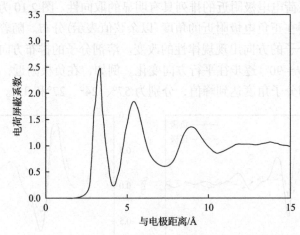

图 2.11 TEABF$_4$/γ-GBL 电解液体系中负极附近的电荷屏蔽系数分布

上述结果表明，电极与溶剂分子之间的非静电作用对溶剂分子的角度具有重要作用。通过密度泛函理论，计算了四种溶剂分子在非带电石墨烯平板固体介质附近的吸附能。如图 2.12 所示，四种溶剂分子之中，ACN 分子在固体介质表面的吸附能最小，即 ACN 分子与电极之间的非静电相互作用最弱。这表明 ACN 分子受到静电力时最容易发生偏转。此外，由于溶剂分子与电极之间的非静电相互作用可以促进分子在固体介质附近的吸附，这与离子的吸附过程形成了竞争关系，会一定程度上阻碍离子在固体介质附近的聚集[10]，不利于静电吸附储能。

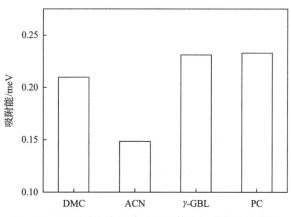

图 2.12　不同种类溶剂分子在固体介质表面的吸附能

2.1.4　润湿特性的影响

固体介质表面自由能是影响固液界面相平衡状态和储能性能的另一个关键因素。为了研究固体介质表面自由能（通常通过润湿特性体现）对相平衡状态和储能性能的影响，通过改变范德瓦耳斯作用势能调控了石墨烯固体介质与 NaCl 水系电解液间的润湿特性（从接触角为 133.9°的强疏电解液状态调控到接触角为 48.3°的强亲电解液），并重点分析其对数密度、自由能阻力和电势曲线等的影响。为了调控固液润湿特性，在经典势函数参数的基础上，改变了石墨烯碳原子与电解液间的范德瓦耳斯作用势能。范德瓦耳斯作用势能越大，固液间作用力越强，接触角小于 90°，表现出亲电解液壁面。反之，减小范德瓦耳斯作用势能，可使接触角大于 90°，表现为疏电解液壁面。

随着固体介质表面润湿性的增加，界面离子数密度显著提升，非均匀相平衡状态更为显著。如图 2.13 (a) 所示，随着接触角从 133.9°减小到 48.3°，Na^+ 数密度被明显提升了 410.3%。如示意图所示，离子逐渐从平缓分布发展成显著的多峰结构，并且峰宽也逐渐减小，在 Helmholtz 层更加显著。在接触角为 133.9°的超疏电解液壁面，电解液排布的界面现象被显著弱化，呈现出与体相溶液相接近的结构。但是，在接触角为 48.3°的超亲电解液电极界面，Na^+ 发展成内 Helmholtz 层。对于 Cl^-，如图 2.13 (b) 所示，除了超亲电解液壁面，其数密度受润湿特性影响较小。如示意图所示，由于库仑排斥力影响，Cl^- 排布位置更加远离壁面，而范德瓦耳斯和库仑作用力随距离呈六次方和二次方衰减，使 Cl⁻微观排布受界面润湿特性的影响较小。

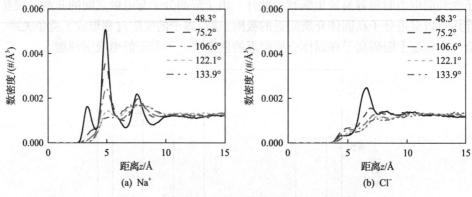

图 2.13　不同润湿条件下的阴阳离子数密度分布

如图 2.14 所示，随着接触角从 133.9°减小到 48.3°，溶剂水分子也呈现出类似的变化规律。氧原子数密度显著增加，峰值从 $0.041\#/Å^3$ 提高到 $0.190\#/Å^3$，增长幅度为 363.4%。随着电极表面润湿特性的改善，峰结构也更加明显，呈现出显著的界面现象。

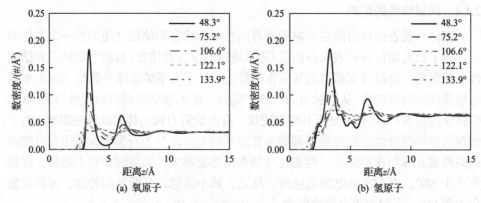

图 2.14　不同润湿条件下的水分子数密度分布

另外，随着润湿特性改善，水分子角度分布发生了明显转变。在接触角为 133.9°的强疏电解液表面，溶剂分子中氢原子由于范德瓦耳斯作用势能小而更容易靠近壁面，排布状态比较无规则，呈现出与体相溶液相近的结构。而在接触角为 48.3°的超亲电解液壁面，强烈的范德瓦耳斯作用使得氧原子和氢原子排布更加靠近电极，且平行于壁面，呈现出高度规则的排布结构。因此，随着接触角从 133.9°减小到 48.3°，水分子排布逐渐从无规则状态转变到高度受限的平行排布状态。

为了解释表面润湿特性对上述数密度分布的影响机制，计算了界面区域离子

的自由能阻力(ΔG)分布, 定义为

$$\Delta G = G(z) - G_{\text{bulk}} = -k_{\text{B}} T \lg \left[\frac{n(z)}{n_{\text{bulk}}} \right] \tag{2.7}$$

式中, $G(z)$ 指位置 z 处的自由能阻力; G_{bulk} 指体相溶液的自由能阻力; T 为环境温度; $n(z)$ 为离子在位置 z 处的数密度; n_{bulk} 为离子在体相溶液中的数密度。

通过分析电解液离子从远离电极壁面到形成相平衡结构所经受的阻力, 可以很好地解释离子数密度分布。如图 2.15 所示, 自由能阻力在界面呈现出丰富的峰结构, 并且随着润湿性能改善而更加显著。随着与电极壁面距离的增加, 自由能阻力变化趋势与 Na^+ 双电层结构基本一致。随着接触角从 133.9° 减小到 48.3°, 自由能阻力单调下降, 表明亲电解液电极形成相平衡结构的阻力远小于疏电解液电极。例如, 在距离电极壁面 3Å 处, 接触角为 48.3° 亲电解液电极的离子自由能阻力为 0.084kJ/mol, 仅为 133.9° 疏电解液电极 (1.506kJ/mol) 的 5.6%, 说明亲电解液电极可以降低离子自由能阻力, 使更多离子聚集于电极表面, 形成显著的多层结构。

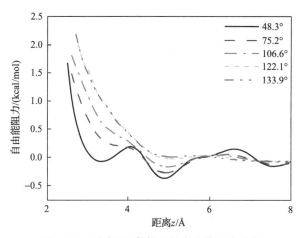

图 2.15　不同润湿条件下的自由能阻力分布

基于数密度分布, 可以进一步分析润湿特性对电解液电荷密度分布和电势曲线的影响。其中, 离子、溶剂分子和总电解液电荷密度排布可以根据离子数密度分布计算获得:

$$\rho(z) = q_i n(z) \tag{2.8}$$

式中, q_i 为电解液离子或者溶剂原子电荷量。

总电荷密度在固液界面形成显著的多层结构, 与数密度分布相吻合。如图

2.16(c)所示，随着润湿特性改善，接触角从 133.9°减小到 48.3°，总电荷密度峰值显著增加，且峰结构也更加明显。另外，如图 2.16(a)和(b)所示，溶剂分子电荷密度能够很好地再现总电荷密度分布，特别是在距离电极壁面 3.0Å 的区域，不存在离子。这主要与溶剂分子强偶极矩和高数密度有关。

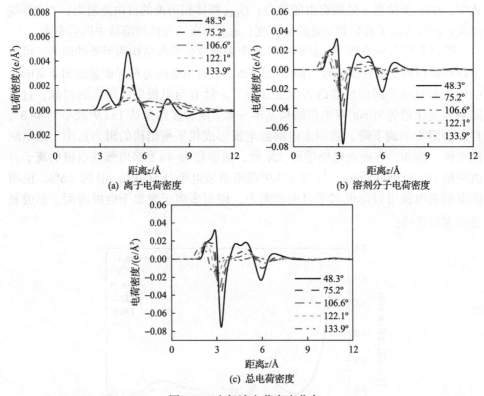

图 2.16　电解液电荷密度分布

　　在所得电荷密度基础上，通过积分泊松方程，可以获得离子电势、溶剂电势和总电势的分布曲线。如图 2.17(a)所示，离子电势都是正值，在没有离子分布区域线性增加，并随着数密度的增加而逐渐收敛。当接触角从 133.9°减小到 48.3°时，离子电势的峰值从 3.8V 减小到 1.5V。在亲电解液电极表面，高离子数密度和紧密排列将有利于屏蔽界面电场，是离子电势下降的主要原因。

　　另外，溶剂电势始终保持负值，随着润湿特性改善而增加。如图 2.17(b)所示，当接触角从 133.9°减小到 48.3°时，溶剂电势峰值从–3.2V 增加到–0.95V。溶剂效应是导致溶剂电势上升的主要原因。在疏电解液电极表面，由于较弱的固液作用势能，溶剂分子能够通过调控分子角度和位置来屏蔽外来电场。而在亲电解液壁面，溶剂受到强烈范德瓦耳斯作用的排布规则，使其屏蔽电极电荷能力急剧下降，导致溶剂电势增加。

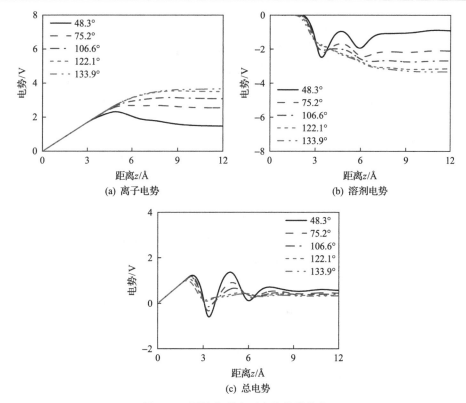

图 2.17　固体介质表面电势曲线分布

　　图 2.18 展示了负极电容、正极电容随表面润湿特性的变化规律。随着润湿性能改善，接触角从 142.5°减小到 48.3°，正负极电容均单调下降。其中，负极电容从 6.72μF/cm² 减小到 5.63μF/cm²，下降了 19.4%；正极电容则从 6.25μF/cm² 下降到 4.55μF/cm²，衰减了 37.4%。

　　通过正负极电容计算了总电容。如图 2.19 所示，当接触角从 142.5°减小到 48.3°，总电容从 3.24μF/cm² 减小到 2.52μF/cm²，即浸润性提升导致总电容下降，这与传统观点相悖。传统观点认为，储能电容随润湿特性提高而单调增加。针对浸润性对电容特性的作用机制，美国卡内基梅隆大学 DeYoung 等[11]探究了石墨烯平板电极表面官能团浓度(—OH)对储能性能的影响，结果表明，随着官能团浓度的增加，表面接触角减小，浸润性加强后电极总电容急剧下降，从 16.95F/g 减小到 5.03F/g，衰减了 70.3%。有机电解液也呈现类似的变化趋势，其从 14.58F/g 减小到 4.64F/g。因此，对于平板型固体介质，随着润湿性的提高，其储能电容将单调下降。值得注意的是，之所以经典静电吸附理论无法解释这一现象，其原因是只考虑了离子排布的贡献，而忽略了溶剂分子结构对介电常数的影响。换言之，溶剂分子的排布结构对固液静电吸附过程和储能性能起着至关重要的作用。

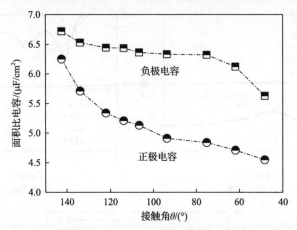

图 2.18　负极电容和正极电容随表面接触角的变化趋势

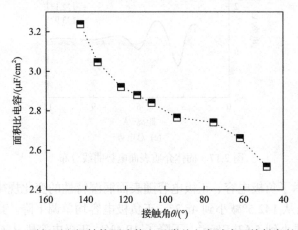

图 2.19　平板型电极结构固液静电吸附总电容随表面接触角的变化

2.2　尺度效应

　　尺度效应是纳米孔隙结构静电吸附最为重要的纳米尺度特殊效应之一，采用具有大量纳米孔隙结构的固体介质，可以有效地提高固液静电吸附的效率。无论是科学研究还是国内外相关政策，都在鼓励大力发展先进的纳米孔隙结构固体介质，但是在纳米孔隙结构静电吸附体系中，离子的运动和吸附均发生在纳米孔隙内部，即纳米受限空间，孔隙尺寸与离子尺寸(或离子溶剂化尺寸)相当，具有显著的非连续特性。本节重点关注纳米孔隙结构静电吸附相平衡状态的尺度效应，从原子尺度探明相平衡微观结构、离子数密度分布、浓度系数和径向分布函数，并对分子动力学模拟的初始设置方法适用性进行了讨论。

2.2.1 相平衡微观结构

　　针对纳米受限空间显著的非连续特性，回归到界面离散系统，综合考虑粒子间以及粒子与壁面之间的长程静电作用、短程排斥作用、氢键作用、水合作用和介电常数非均匀特性，在力学平衡和体系能量最小化准则下进行迭代计算，获得纳米受限空间静电吸附的离子微观分布。

　　在具体研究方法上，建立了如图 2.20 所示的分子动力学模型并开展计算。该分子动力学模型由两个石墨烯纳米通道和电解液库组成。电解液库尺寸的设计标准是在静电吸附过程中体相溶液的浓度波动可忽略不计。为了研究静电吸附尺寸效应，针对 NaCl 电解液裸离子直径和水合直径，石墨烯纳米通道间距分别设定为 7Å、12Å 和 16Å。模拟过程中，电极电荷只施加到石墨烯纳米通道表面，其他碳原子保持中性，只是起到挡板作用。体系平衡 2ns 后，运行 8ns 统计轨迹和处理数据。

　　图 2.21 为碳纳米通道/氯化钠电解液静电吸附体系在不同通道间距条件下的微

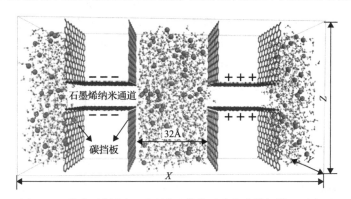

图 2.20　纳米受限空间石墨烯通道分子动力学模拟模型示意图

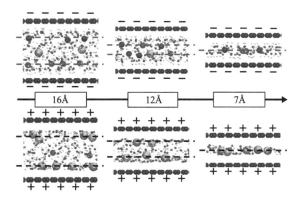

图 2.21　典型双电层结构随通道尺寸变化的示意图

观分布状态。可以发现，在纳米孔隙结构中，离子分布已不能用经典平板模型（如Gouy-Chapman-Stern 模型）进行描述，即离子分布不满足玻尔兹曼分布规律，随着孔隙结构的缩小，会相继出现扩散层消失、紧密层变形和离子单层吸附等特殊的相平衡结构。

2.2.2　部分去溶剂化现象

离子单层吸附是纳米孔隙结构静电吸附的重要现象和显著特征。为进一步描述这一现象，计算了离子脱出溶剂层百分比（De）为

$$De = \frac{n_{solvent-loss}}{n_{full-solvent}} \times 100\% \tag{2.9}$$

式中，$n_{solvent-loss}$ 为离子失去的溶剂数；$n_{full-solvent}$ 为离子全部溶剂数。

部分去溶剂化现象与离子的溶剂层强度密切相关。图 2.22（a）展示了电解液离子脱出溶剂层百分比随通道尺寸的变化。从图中可知，在 12Å 和 16Å 孔隙中，Na^+溶剂层结构基本不发生变化，仅失去 1.0%水分子。但是，Cl^-却失去高比例溶剂层，如在 12Å 孔隙中，失去 13.2%水分子。该差异主要来自离子溶剂层强度。Cl^-的溶剂层强度（51.89kcal/mol）显著低于 Na^+（74.8kcal/mol），使 Cl^-的溶剂层弛豫时间（10.2ps）显著高于 Na^+（6.4ps）。在界面电场和范德瓦耳斯作用势能的共同影响下（10^{10}V/m 级别），Cl^-将失去更多溶剂层。事实上，该现象也与卤素原子特性吸附密切相关。文献报道指出，即使在中性石墨烯电极表面，Cl^-也容易失去部分溶剂层[12]。

部分去溶剂化现象在亚纳米通道中更为显著。如图 2.22（b）所示，随着孔隙尺寸减小，阴阳离子均发生显著的去溶剂化现象。Na^+和 Cl^-在 7Å 的纳米孔隙中分别失去 27.3%和 33.6%水合溶剂层。这主要来自纳米孔隙强烈的体积受限效应。由于壁面碳原子本身几何尺寸影响，通道有效管径比几何管径小一个碳原子的范德瓦耳斯直径。对于 7Å、12Å 和 16Å 的石墨烯通道，其有效管径分别为 3.65Å、

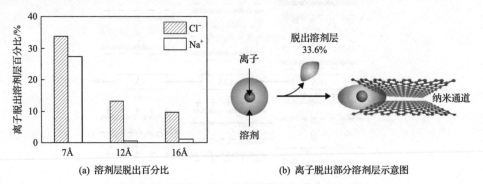

(a) 溶剂层脱出百分比　　　　　　　　　　　　(b) 离子脱出部分溶剂层示意图

图 2.22　纳米通道尺寸对去溶剂化效应的影响

8.65Å 和 12.65Å。由于 Na⁺ 和 Cl⁻ 的水合直径分别为 7.16Å 和 6.64Å，在 7Å 孔隙中，存在显著的尺度效应，离子必须脱除部分溶剂层才能进入亚纳米通道。

Na⁺ 和 Cl⁻ 在石墨烯通道典型位置的溶剂层结构证实了上述结果。如图 2.23 所示，在远离壁面 A 处，离子能够保持比较完整的溶剂层结构。在靠近纳米孔隙入口 B 处，由于受限空间影响，离子溶剂层将变形，开始发生去溶剂化现象。在纳米通道内 C 处，离子溶剂层结构变成椭球形。因为在壁面处失去部分溶剂水分子，离子将更加靠近壁面。

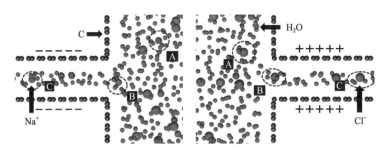

图 2.23　纳米通道中 Na⁺ 和 Cl⁻ 在典型位置的溶剂层结构

另外，Na⁺ 和 Cl⁻ 与石墨烯通道壁面间的距离也佐证了离子发生去溶剂化现象。图 2.24 表示纳米通道中 Na⁺ 和 Cl⁻ 与石墨烯通道壁面的间距。随着纳米孔隙缩小，离子与壁面的间距显著下降，显著低于离子的溶剂剂离子半径，表明其失去了部分溶剂层。并且，离子排布靠近电极壁面将减小双电层有效厚度，使得电吸附储能能量增加。

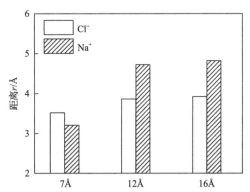

图 2.24　纳米通道中 Na⁺ 和 Cl⁻ 与通道表面的距离

2.2.3　离子数密度分布

随着表面电荷增加，石墨烯通道内水分子排布结构逐渐从双峰结构转变为多峰结构。如图 2.25 和图 2.26 所示，当石墨烯纳米通道(12Å)不施加表面电荷时，水分子在通道内形成了双层排列结构。随着表面电荷密度增加，在静电吸引力作用下，纳米通道内水分子数量显著增加。当电荷密度达到−15μC/cm² 时，水分子的双层排列结构变为三层。表面电荷种类对纳米通道内水分子取向性分布有着重要影响。从图 2.25 中可以发现，对于表面带负电荷的石墨烯通道，O 原子峰处于两个 H 原子峰之间，这归因于带电通道和水分子间的静电作用。当在石墨烯通道上施加正电荷时，O 和 H 原子排布在同一位置，水分子呈现出平行于通道表面的角度分布。

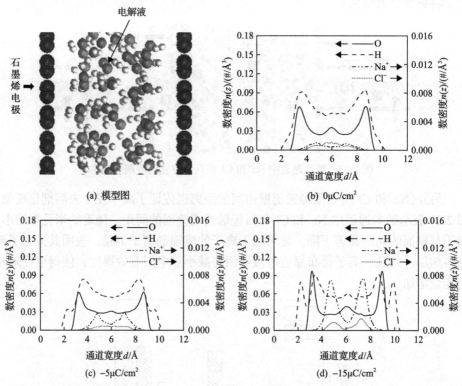

图 2.25　不同电荷密度下宽度为 12 Å 的负极石墨烯纳米通道中的离子和水分子密度分布

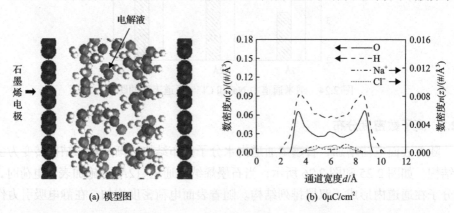

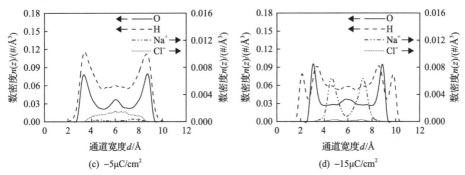

(c) $-5\mu C/cm^2$　　　　　　　　　(d) $-15\mu C/cm^2$

图 2.26　不同电荷密度下宽度为 12Å 的正极石墨烯纳米通道中的离子和水分子密度分布

　　表面电荷增加将形成具有双峰结构的相平衡状态。对于中性不带电通道，由于体积排斥效应的影响，只有部分电解液离子可以进入到纳米通道内，主要分布在通道中间区域，并且其浓度显著低于体相溶液。随着表面电荷密度提高，异性离子将进入到通道内部，而同性离子基本都被排斥到孔外。当表面电荷密度达到 $\pm 15\mu C/cm^2$ 时，离子将在纳米通道内形成双层紧密层。不同的是，Na^+ 排布在较低水分子密度的区域，而 Cl^- 与水分子主要排布在同一平面内，这主要是由于 Na^+ 的水合强度显著高于 Cl^-，在界面仍存在较为完整的水合结构。

　　由于空间受限的影响，在 7.9Å 石墨烯通道内将形成单层排布的数密度分布。如图 2.27 和图 2.28 所示，相比于 12Å 的通道，由于空间约束效应的影响，Na^+ 和

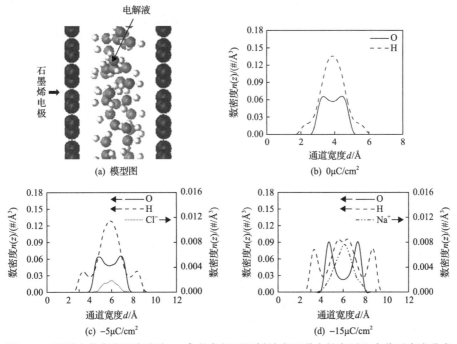

(a) 模型图　　　　　　　　　　　　(b) $0\mu C/cm^2$

(c) $-5\mu C/cm^2$　　　　　　　　　(d) $-15\mu C/cm^2$

图 2.27　不同电荷密度下宽度为 7.9Å 的负极石墨烯纳米通道中的离子和水分子密度分布

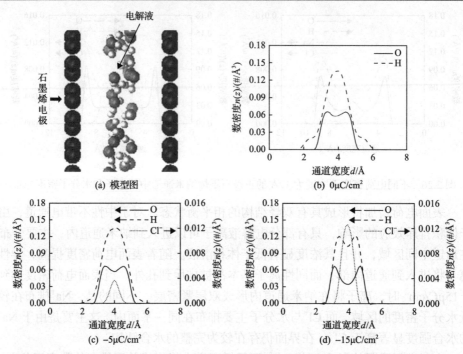

图 2.28　不同电荷密度下宽度为 7.9Å 的正极石墨烯纳米通道中的离子和水分子密度分布

Cl⁻ 均无法进入 7.9Å 的层间通道。另外，离子在 7.9 石墨烯纳米通道内呈现出单层排布结构。由于 Na^+ 具有较小的裸离子尺寸，其形成的数密度分布区域比 Cl⁻ 更宽，该现象在 $\pm 15\mu C/cm^2$ 电荷密度下更为显著。与此同时，水分子排列结构从单层转变为双层。

2.2.4　浓度系数

为了定量描述纳米孔隙中的离子浓度和数量，引入了浓度系数 τ，定义为

$$\tau = \frac{c_{channel}}{c_{bulk}} \tag{2.10}$$

式中，$c_{channel}$ 和 c_{bulk} 分别为石墨烯通道和主体溶液中离子浓度。

离子在进入低于水合直径的纳米和亚纳米通道时，存在显著的入口阻力。图 2.29 为离子浓度系数随孔隙尺寸和壁面电荷密度的变化规律。从图 2.29(a) 可看出，当孔隙不荷电时，Na^+ 可进入 12Å 和 16Å 的石墨烯纳米通道，而无法进入 7Å 通道。这是由于 7Å 孔隙的有效尺寸为 3.5Å，远低于 Na^+ 溶剂化直径，导致存在强烈的入口阻力或临界电荷密度（即进入纳米通道所需要的最低表面电荷密度）。另外，虽然 Na^+ 能够进入 12Å 和 16Å 的石墨烯纳米孔隙，但其浓度系数 $\tau < 1.0$。Cl⁻ 呈现出类似的变化趋势，如图 2.29(b) 所示。

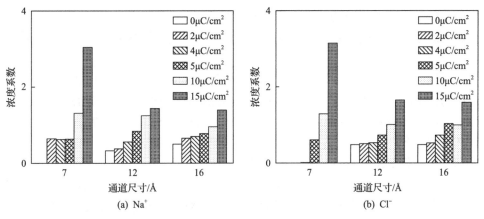

(a) Na⁺　　　　　　　　　　　(b) Cl⁻

图 2.29　荷电纳米通道中的离子系数

　　随着壁面表面电荷的增加，纳米孔隙中的离子浓度将逐渐增加。例如，在 12Å 的纳米孔隙中，随着壁面电荷密度从 $0\mu C/cm^2$ 增加到$-15\mu C/cm^2$，Na^+ 浓度系数从 0.33 迅速增加到 2.0。特别地，当壁面电荷密度超过$-4\mu C/cm^2$（临界电荷密度）时，在库仑力作用下，Na^+ 将克服入口阻力进入 7Å 亚纳米孔隙，浓度系数显著提升。对于正极，Cl^- 也呈现出类似的变化规律。

2.2.5　径向分布函数

　　为了进一步分析纳米孔隙中的离子微观分布结构，计算了离子的径向分布函数（radial distribution function，RDF），并重点考察其随浓度的变化规律。如图 2.30 所示，$g(r)$ 描述了以某一粒子为中心周围其他粒子分布的概率，可量化固体或液体的有序性结构，其定义为

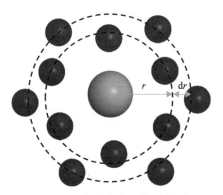

图 2.30　径向分布函数示意图

$$g(r) = \frac{\mathrm{d}N}{4\rho\pi r^2 \mathrm{d}r} \tag{2.11}$$

式中，N 为粒子数；ρ 为溶液密度；r 为离子距中心的距离。对于电解液，由于给定距离处粒子出现概率基本一致，$g(r)$ 将先随距离的增加而增加，后收敛稳定在固定值 1。

通过计算径向分布函数，考察了静电吸附过程中离子浓度对相平衡状态和微观结构的影响。如表 2.2 所示，以 16Å 纳米孔隙为例，研究了离子浓度（1.0mol/L、2.0mol/L、4.0mol/L 和 5.0mol/L）对径向分布函数第一个峰峰位和峰值的影响。随着离子浓度升高，g_{Na-O}、g_{Cl-O}、g_{Na-Cl} 和 g_{O-O} 第一个峰峰位不会发生变化，但其峰值却发生显著变化。例如，随着离子浓度增加，g_{Na-O}、g_{Cl-O} 和 g_{O-O} 的峰值单调下降，而 g_{Na-Cl} 却增加了 44.6%（从 24.825 到 35.899）。这主要是由于在浓度低时 Na^+ 和 Cl^- 数量较少，随着浓度升高将容易形成离子对，使得 $g(r)$ 函数的峰值增加。另外，由于库仑作用力的影响，对于 Na^+，g_{Na-O} 的第一个峰峰位总是小于 g_{Na-H}，而对于 Cl^-，g_{Cl-H} 的峰位均小于 g_{Cl-O}。

表 2.2　g_{Na-O}、g_{Cl-O}、g_{Na-Cl} 和 g_{O-O} 第一个峰的峰位及峰值

指标	ρ/(mol/L)			
	1.0	2.0	4.0	5.0
g_{Na-O}峰位	2.385	2.385	2.385	2.385
g_{Na-O}峰值	29.560	28.735	27.004	25.707
g_{Cl-O}峰位	3.195	3.195	3.195	3.195
g_{Cl-O}峰值	14.031	13.887	13.513	13.073
g_{Na-Cl}峰位	2.835	2.835	2.835	2.835
g_{Na-Cl}峰值	24.825	27.307	30.926	35.899
g_{O-O}峰位	2.745	2.745	2.745	2.745
g_{O-O}峰值	10.632	10.111	9.300	9.075

在此基础上，进一步考察了离子的配位数（包括 g_{Na-Cl}、g_{Na-O}、g_{Cl-O}）。配位数是通过积分计算 $g(r)$ 曲线的第一峰面积。如表 2.3 所示，g_{Na-O} 配位数随着离子浓

表 2.3　g_{Na-O}、g_{Cl-O}、g_{Na-Cl} 及 g_{O-O} 函数的配位数

指标	ρ/(mol/L)			
	1.0	2.0	4.0	5.0
g_{Na-O}配位数	5.52	5.40	5.16	4.95
g_{Cl-O}配位数	7.10	7.54	8.90	15.10
g_{Na-Cl}配位数	0.13	0.28	0.64	0.93
g_{O-O}配位数	4.76	7.40	10.50	14.20

度增加而减小，这主要是 Na$^+$ 周围的部分水被 Cl$^-$ 替换所致。但是，g_{Cl-O} 配位数却随离子浓度的升高而升高。另外，由于 Na$^+$ 和 Cl$^-$ 数量有限，g_{Na-Cl} 配位数远小于 g_{Na-O} 和 g_{Cl-O} 的配位数。

2.2.6　恒电势与恒电荷方法适用性分析

在采用分子动力学方法对固液静电吸附进行模拟计算时，一个首要的步骤是对固体介质的表面荷电情况进行合理设定。主要的方法有恒电荷方法(constant charge method，CCM)和恒电势方法(constant potential method，CPM)两大类。

图 2.31 为恒电势和恒电荷方法的流程示意图。恒电荷方法是在负极和正极表面分别设置一定量均匀分布的负电荷和正电荷来模拟电势差；恒电势方法是在负极和正极之间施加恒定电势，允许电极表面局部电荷随空间和时间发生变化，以满足系统自由能最小化的条件。两种方法各有优劣，相对而言，恒电势方法因综合考虑固体壁面电荷密度与液相介质中(特别是固液界面区域)离子重排的耦合作用，因此更接近真实的物理状态，但代码复杂，计算成本更高(为恒电荷方法的 10 倍左右)。已有研究表明，在无限大平板固体介质静电吸附体系中，相对较低的电势条件下，两种方法的计算结果差异不大[13]；而在介孔体系中两者的计算结果有显著差别[14]。本节的讨论重点是恒电荷方法在描述纳米受限空间静电吸附相平衡状态的可靠性。

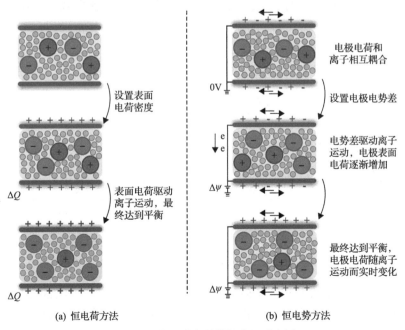

(a) 恒电荷方法　　　　　　　　　　　(b) 恒电势方法

图 2.31　分子动力学模拟流程示意图

通过 PACKMOL 程序构建的分子动力学模拟模型[15]，选择常见的 NaCl 水系电解液，石墨烯纳米通道层间距分别设置为 9Å、12Å 和 14Å。石墨烯挡板减小了模拟体系的原子数，从而降低了计算成本。通过对其施加恒定电势差(即恒电势方法)或者设置均匀分布的正负电荷(即恒电荷方法)来模拟负极和正极之间的电势差。模拟过程中石墨烯二维纳米电极中的碳原子保持刚性，并且固定不动。石墨烯的势函数参数来自 Cheng 等[16]的研究。

分子动力学模拟先运算 5ns 使系统达到热力学平衡态，然后再运行 5ns 用于数据分析。石墨烯电极表面电荷设置方法阐述如下，在中性条件下，恒电势方法设置正负极电势差为 0.0V，恒电荷方法设置正负极表面电荷密度为 0μC/cm²；荷电条件下，恒电势方法设置正负极石墨烯纳米通道之间电势差为 1.0V，恒电荷方法设置正负极石墨烯纳米通道表面电荷密度为恒电势方法在 1.0V 条件下计算得到的平均电荷密度数值。

由于界面静电吸附储能的本质是在荷电固体表面吸附异性离子[17]，因此首先比较了恒电势方法和恒电荷方法进行分子动力学模拟计算所得荷电条件下石墨烯纳米通道内异性离子的浓度系数(τ)。恒电势方法和恒电荷方法所得的浓度系数随石墨烯纳米通道层间距变化趋势基本一致。图 2.32 显示了两种方法计算得到的负极二维纳米通道内 Na^+ 的浓度系数和正极二维纳米通道内 Cl^- 的浓度系数。结果表明，两种方法所预测的浓度系数随着层间距变化规律基本一致，但是在相同层间距条件下，恒电荷方法计算所得浓度系数相较于恒电势方法更低，并且随着层间距的减小差异更明显。

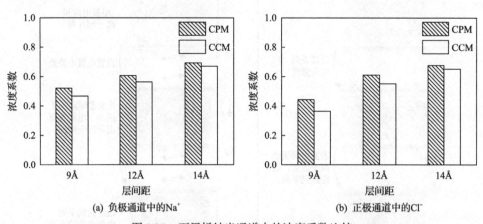

图 2.32　石墨烯纳米通道中的浓度系数比较

此外，两种方法在描述离子微观排布结构时也存在差异。图 2.33 比较了石墨烯纳米通道内的异性离子分布。两种方法计算所得离子微观排布特性峰的位置基本相同，只是在峰值上存在较小的差异。造成这种差异的原因是两种方法中石墨烯纳米通道表面电荷分布的不同。恒电势方法分子动力学模拟中石墨烯纳米通道表面电荷与电解液的微观排布特性是耦合的，所以在沿通道方向(Z 方向)分布是不均匀的(图 2.34)。而恒电荷方法在模拟过程中石墨烯表面电荷密度始终维持均匀不变。

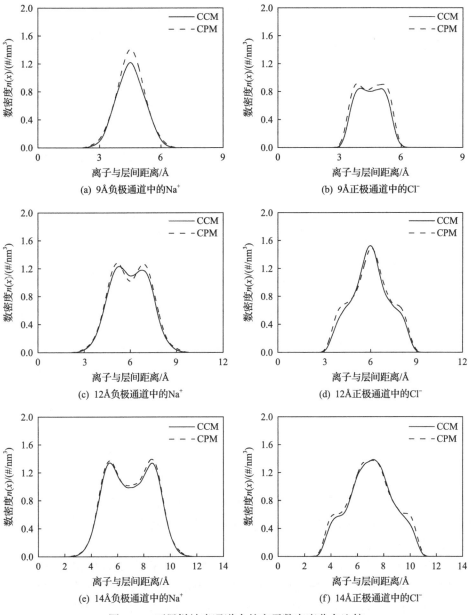

图 2.33　石墨烯纳米通道中的离子数密度分布比较

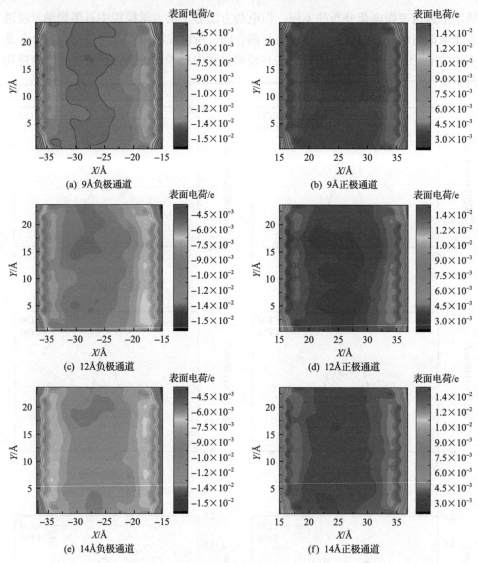

图 2.34　恒电势方法计算所得石墨烯纳米通道的表面电荷分布

　　图 2.35 比较了两种方法计算得到的 H_2O 分子在不同层间距石墨烯纳米通道内的微观排布特性。结果表明，对于不同层间距的石墨烯纳米通道，两种方法计算得到的结果都非常接近。

　　通过上述分析，可以认为恒电荷方法针对二维纳米受限通道内电解液离子和溶剂分子微观排布特性的描述与恒电势方法相比偏差不大（数密度分布曲线峰的位置描述高度一致）。因此，采用恒电荷方法来研究静电吸附过程中热力学平衡态下电解液离子和溶剂分子的微观排布特性，可以降低计算成本，提高分子动力学模拟的计算效率。

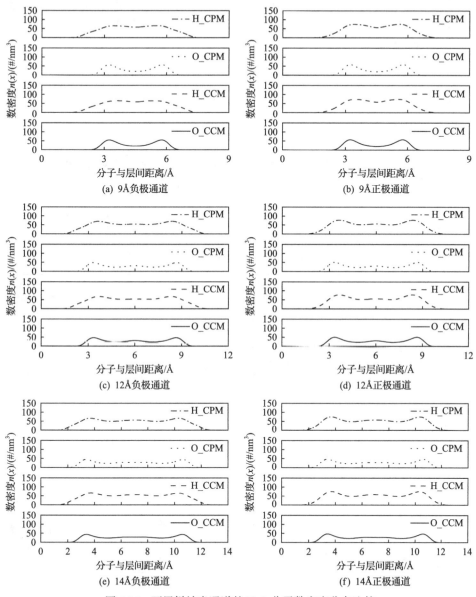

图 2.35　石墨烯纳米通道的 H_2O 分子数密度分布比较

图 2.36 比较了恒电势方法和恒电荷方法计算所得不同层间距荷电石墨烯纳米通道内异性离子浓度系数随时间的演化规律。结果表明，由于恒电势方法在模拟静电吸附过程中石墨烯纳米通道表面电荷缓慢增加至稳定值，通道内异性离子的浓度系数也相应地缓慢增加至稳定值，然后在稳定值附近上下波动。恒电荷方法

则与此不同，在模拟静电吸附过程中石墨烯纳米通道表面电荷瞬间增加至某固定值，使得离子的动力学性能在短时间内得到增强，造成通道内异性离子的浓度系数先迅速增加后又迅速回落。因此恒电荷方法对于静电吸附能质传递过程中离子传输的描述准确性较低。

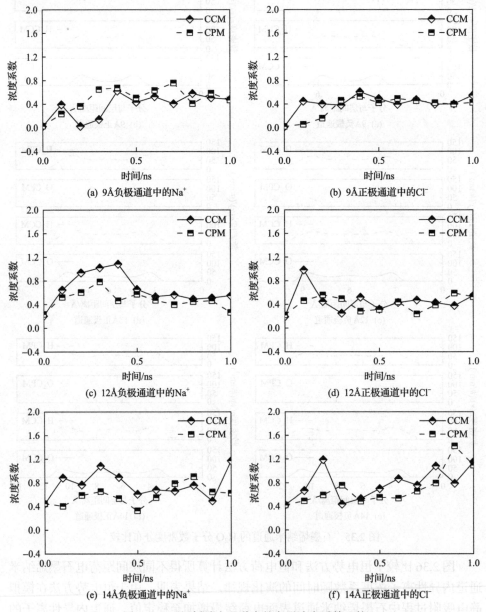

图 2.36 石墨烯纳米通道中的离子浓度系数比较

综上所述，通过对比恒电势方法和恒电荷方法所得石墨烯纳米通道结构静电吸附储能微观机理，为选择合适方法进一步开展相关研究提供了理论依据。因此，对于热力学平衡态下电解液离子和溶剂微观排布特性，可以选择恒电荷方法，以降低计算成本。但是对于离子传输机理研究，则应选择考虑固体表面与电解液之间动态耦合的恒电势方法。

2.3 边 缘 效 应

石墨烯、二硫化钼、过渡金属碳氮化物等二维层状纳米材料是固液静电吸附固体介质发展的重点。在这类材料中，除了存在二维纳米孔隙外，还有大量的纳米级厚度边缘。这些边缘区域在固液静电吸附储能过程中具有特殊的效应，即边缘效应。1971 年，来自美国凯斯西储大学的 Randin 等[18]发现高温热解石墨烯的边缘具有优异储存电荷的能力，其面积比电容($50 \sim 70 \mu F/cm^2$)显著高于主体部分($3 \mu F/cm^2$)。清华大学 Yuan 等[19]研究指出，单层石墨烯边缘的面积比电容是主体部分的 10000 倍。天津大学 Zhang 等[20]将多壁碳纳米管剥离成石墨烯带，提高了边缘区域所占比例，比电容提高 4 倍(从 $\sim 20.0F/g$ 到 $\sim 80.0F/g$)；澳大利亚新南威尔士大学 Hassan 等[21]制备了富含边缘结构的量子点，提高了比表面积和边缘比例，使电极电容增加了 2 倍；日本信州大学 Jang 等[22]通过剥离方法制备了富含边缘的碳纳米管，使得电解液离子更容易接触并聚集在边缘区域，比电容提高约 4 倍(从 $\sim 12.9F/g$ 到 $\sim 55.7F/g$)；哈尔滨工业大学 Qi 等[23]通过等离子体处理提升了石墨烯缺陷比例，进而增加了边缘比例和改善润湿性，实现面积比电容增加约 2 倍(达到 $\sim 794.0 \mu F/cm^2$)。本节重点关注纳米孔隙结构固液静电吸附边缘效应，采用多尺度耦合数值模拟方法分析了边缘区域的电子密度分布、离子密度分布和电场/电势分布，并介绍了尺度效应和边缘效应的协同作用机制。

2.3.1 多尺度耦合数值模拟方法

由于边缘结构的存在，荷电固体壁面的电子分布具有显著的非均匀性。密度泛函理论计算可有效提供能带结构、态密度分布、电子结构及电子密度分布等电子层级信息。因此将密度泛函理论计算和分子动力学模拟相结合，通过量子-原子多尺度耦合的方法，可更为精确地描述边缘效应作用下的固液静电吸附相平衡状态。

石墨烯是典型的二维纳米材料，边缘厚度为单个碳原子直径，具有显著的边缘效应。如图 2.37(a)所示，构建了石墨烯片层的密度泛函计算模型。其中，石墨烯晶胞的晶格常数为 2.466Å，与实验和模拟报道相接近[24]，表面以氢原子修饰。

为调整边缘区域的占比，沿着 X 轴方向的长度分别设定为 11.4Å、19.9Å、28.5Å、41.3Å、49.8Å、62.6Å、84.0Å、105.4Å、126.7Å 和 148.1Å，沿 Y 轴方向的宽度固定为 4.932Å。

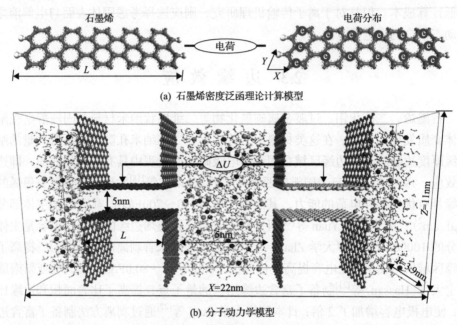

(a) 石墨烯密度泛函理论计算模型

(b) 分子动力学模型

图 2.37　多尺度耦合数值模拟模型

密度泛函理论计算采用免费开源软件 Quantum ESPRESSO[25]。利用投影缀加平面波(PAW)描述电子和原子核间的相互作用，电子–电子间交换关联势采用广义梯度近似 Predew-Wang 91 (GGA-PW91)[26]。为了确保计算精度，能量截断半径设定为 400 Ry。在模型几何结构优化时选取 $3\times3\times3$ 的 K 点网格划分简约布里渊区，计算电子结构时选取 $3\times8\times3$ 的 K 点网格划分[27]。沿 Z 方向添加厚度为 20Å 的真空层，避免周期性作用。

在计算中，首先在石墨烯表面添加一定量初始电荷，进而分析边缘对电子密度分布的影响。根据电荷密度的零通量面对电荷的归属进行划分，借助 Bader 分析软件，计算来石墨烯表面电荷的迁移和重新分布[28-30]。

$$\nabla\rho(i,j,k)\cdot\hat{r}(\mathrm{d}i,\mathrm{d}j,\mathrm{d}k)=\frac{\Delta\rho}{|\Delta r|} \tag{2.12}$$

式中，$(\mathrm{d}i,\mathrm{d}j,\mathrm{d}k)$ 为沿着格子方向的矢量。

电荷密度变量$(\Delta\rho)$是

$$\Delta\rho=\rho(i+\mathrm{d}i,j+\mathrm{d}j,k+\mathrm{d}k)-\rho(i,j,k) \tag{2.13}$$

近邻距离为

$$|\Delta r| = |r(i + di, j + dj, k + dk) - r(i, j, k)| \tag{2.14}$$

将密度泛函计算结果作为后续分子动力学模拟的固体介质表面电子密度设定依据。如图 2.37(b) 所示，构建了由石墨烯和 2mol/L NaCl 电解液组成的固液静电吸附模型。沿 Y 和 Z 方向的尺寸分别为 39.4Å 和 110.0Å，层间通道宽度为 50Å。选取的典型石墨烯长度沿 X 轴方向分别为 19.9Å、41.3Å 和 84.0Å。分子动力学模拟计算采用免费开源软件 LAMMPS。模拟过程中，石墨烯纳米通道中碳原子保持刚性且固定不动，范德瓦耳斯作用力短程截断半径是 12Å，长程静电作用力用晶格 Ewald 方法计算[31]，精确度为 10^{-6}。首先对体系运算了 10ns 进行平衡，后续又运算了 10ns 来获取轨迹文件和开展数据分析。

2.3.2　电子密度分布

采用密度泛函理论计算了石墨烯表面不同区域的电荷密度分布。如图 2.38 所示，将石墨烯纳米带划分为三个区域，即一个主体部分和两个边缘区域，其表面电荷量分别为 Q_{basal} 和 Q_{edge}，总电荷量 Q 可计算为

$$Q = 2 \times Q_{edge} + Q_{basal} \tag{2.15}$$

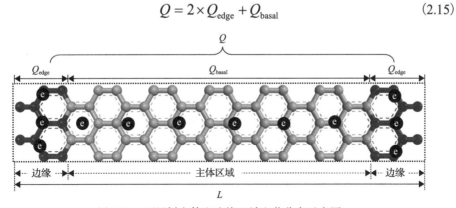

图 2.38　石墨烯主体和边缘区域电荷分布示意图

基于此，主体区域和边缘区域的表面电荷密度 q_{basal}、q_{edge} 可分别计算为

$$q_{basal} = \frac{Q_{basal}}{S_{basal}} \tag{2.16}$$

$$q_{edge} = \frac{Q_{edge}}{S_{edge}} \tag{2.17}$$

式中，S_{basal} 和 S_{edge} 分别为主体和边缘区域的面积。

为量化描述边缘区域电荷分布，计算了表面电荷分布百分比η，定义为

$$\eta = 2 \times \frac{Q_{edge}}{Q} \times 100\% \qquad (2.18)$$

相比于均匀电荷密度假设，所采用的密度泛函理论方法可以获得更准确的电荷分布，并预测石墨烯表面电荷分布随长度变化的规律。如图 2.39 所示，比较了两种方法下石墨烯边缘区域和主体区域的电荷分布百分比。采用均匀电荷密度假设的计算结果定义为$\eta_{uniform}$，通过密度泛函理论计算的结果定义为$\eta_{non\text{-}uniform}$。结果表明，随着石墨烯长度增加，$\eta_{non\text{-}uniform}$和$\eta_{uniform}$都单调减小。$\eta_{uniform}$的下降趋势与边缘区域所占几何尺寸比例下降密切相关。随着长度增加，边缘区域占比下降，$\eta_{non\text{-}uniform}$下降更加缓慢，表明石墨烯表面真实电子密度是非均匀分布的，$\eta_{non\text{-}uniform}$和$\eta_{uniform}$有极大偏差。对于相同的石墨烯长度，$\eta_{non\text{-}uniform}$是$\eta_{uniform}$的1.5~4.0 倍。例如，当$L = 41.3$Å 时，$\eta_{non\text{-}uniform}=52.3\%$，大约是均匀电子分布函数方法结果的 3 倍（$\eta_{uniform} =19.0\%$）。相比主体部分，电子更倾向于向边缘区域移动，即边缘区域能够聚集更高电荷量，与实验结果一致。通过四次多项式拟合，可获得边缘区域电荷分布百分比与石墨烯长度的关系式。

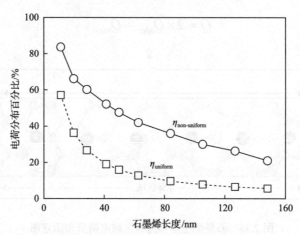

图 2.39　石墨烯边缘和主体区域的电荷分布百分比随石墨烯长度的变化规律

$$\eta_{edge} = 104.0 - 2.3x + 0.03x^2 - 2.38 \times 10^{-4} x^3 + 6.17 \times 10^{-7} x^4 \qquad (2.19)$$

为了进一步量化边缘效应对石墨烯表面电荷密度分布的影响，计算了边缘区域q_{edge}与主体部分q_{basal}电荷密度比例系数ε，定义为

$$\varepsilon = \frac{q_{edge}}{q_{basal}} \qquad (2.20)$$

图 2.40 为比例系数 ε 随石墨烯长度的演变规律，其中 $\varepsilon_{uniform}=1$，$\varepsilon_{non\text{-}uniform}$ 为计算结果。随着长度从 11.4Å 增加到 49.8Å，$\varepsilon_{non\text{-}uniform}$ 急剧增加（从 1.69 到 4.12）。当长度较小时，边缘区域所占比例与主体部分相近；而随着长度增加，边缘效应显著。当石墨烯长度增加到 148.1Å 时，$\varepsilon_{non\text{-}uniform}$ 收敛稳定在 4.2 左右。

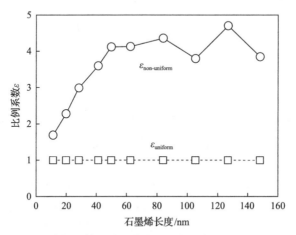

图 2.40　石墨烯边缘与主体区域电荷密度比例系数随石墨烯长度的变化规律

上述密度泛函理论计算表明，石墨烯边缘区域具有聚集更多电荷的能力，这主要是由准局域的 p_z 态聚集在石墨烯边缘所致。石墨烯碳原子轨道是由 6 个电子组成的 $1s^2 2s^2 2p^2$。其六角形晶面内的碳原子之间通过 $2s$、$2p_x$ 和 $2p_y$ 原子轨道杂化，形成了稳定的 σ 键。而 $2p_z$ 原子轨道则离域形成石墨烯体系中的 π 键。对于主体部分，每个碳原子与周围三个碳原子形成蜂窝状石墨烯结构，所有电子都是自由且平均分布的。然而，对于边缘区域，碳原子被氢原子修饰，破坏了 π 电子的对称结构，导致准局域 p_z 态主要聚集在边缘处，从而使得其具有聚集更多电荷的能力。

2.3.3　离子密度分布

将上述密度泛函理论计算所得电荷密度结果作为分子动力学模拟的输入值，计算离子密度分布。相比于主体区域，石墨烯边缘能够聚集更多的异性离子。计算了典型长度（19.9Å、41.3Å 和 84.0Å）的石墨烯-电解液静电吸附的相平衡状态。在石墨烯边缘区域和主体区域，离子和溶剂分子的分布结构和数密度有显著差异。图 2.41 展示了石墨烯长度为 19.9Å 时的计算结果，包括离子和溶剂分子在边缘和主体区域的数密度分布。比较图 2.41(a) 与 (b) 可知，Na^+ 在边缘区域的数密度显著高于主体区域，如左起第一个峰的数密度峰值相差约 1.53 倍。对于水分子分布，氢原子由于受库仑吸引力的影响而更加靠近壁面，氧原子由于强烈的排斥力而远离电极，呈现出垂直于电极表面的角度分布。

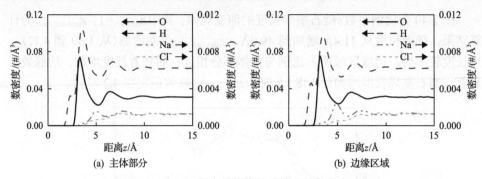

图 2.41　多尺度耦合数值模拟计算所得数密度分布

　　为了解释所得数密度变化规律，计算了离子的自由能阻力分布。图 2.42 表示边缘区域和主体区域离子自由能阻力随石墨烯长度的变化规律。在固液静电吸附界面区域，自由能阻力曲线呈现出显著的分层结构，峰值和峰谷位置与数密度分布相吻合，表明其能够很好地描述离子迁移过程中所经受的阻力分布。如图 2.42(a) 所示，随着长度从 19.9Å 增加到 84.0Å，主体部分的自由能阻力基本保持不变，如在第一峰谷位置为 -0.13kcal/mol。但是，如图 2.42(b) 所示，边缘区域却呈现出截然不同的变化规律。在边缘区域随着长度增加，自由能阻力在第一峰谷位置迅速下降，从 -0.41kcal/mol 减小到 -0.94kcal/mol，意味着此处阻力急剧降低。随着长度增加，边缘区域数密度将单调且显著增加(约提高 2.0 倍)，很好地解释了数密度变化规律。同时，边缘处自由能阻力远低于主体部分，当长度为 84.0Å 时达到了约 7.23 倍。正因为较小的迁移阻力，更多的离子聚集在石墨烯的边缘区域。

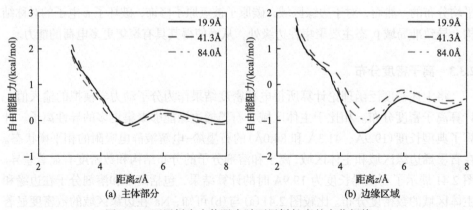

图 2.42　石墨烯自由能阻力随石墨烯长度的变化规律

　　边缘区域的界面有效厚度以及界面中的离子-离子交互作用与主体部分也有显著区别，有效厚度 d_{center} 定义为

$$d_{\mathrm{center}} = \frac{\int_{z_0}^{z_1} z^N (z - z_0) n(z) \mathrm{d}z}{\int_{z_0}^{z_1} z^N n(z) \mathrm{d}z} \tag{2.21}$$

式中，$n(z)$ 为离子在位置 z 处的数密度。

当石墨烯长度为 19.9Å 时，d_{center} 在边缘区域和主体部分分别计算为 7.7Å 和 8.1Å，表明离子在边缘区域能够排布得更加紧密。随着长度增加，有效厚度的差异增大。当长度为 84.0Å 时，边缘区域的有效厚度比主体部分小了 0.7Å。

2.3.4　与尺度效应的协同作用

应用于固液静电吸附储能的二维纳米材料富含由纳米薄层组成的纳米孔隙，同时存在边缘效应(片层极薄边缘)与尺度效应(片层间纳米孔隙)。因此，构建了多层石墨烯平板和边缘固液静电吸附分子动力学模型，如图 2.43 所示，以研究二维纳米材料的边缘效应和尺寸效应对静电吸附储能的协同作用机制。在平板模型中，石墨烯主体区域与电解液直接接触；在边缘模型中，石墨烯边缘与电解液接触。前者沿 X 和 Y 方向的尺寸分别为 34.104Å 和 34.454Å，后者沿着 X 和 Y 方向的尺寸分别设定为 30.6Å 和 31.993Å。在边缘模型中，石墨烯纳米通道层间距设定为 3.4~5.0Å，与实际实验结果相一致。正负极之间是 2mol/L NaCl 电解液，间距设定为 50Å。模拟中，碳原子保持刚性且固定不动。选择 NVT，电解液温度 T 控制在 300K，短程截断半径 r_{cut} 为 12Å，长程静电相互作用计算选择晶格 Ewald 方法。选择 Verlet 算法，时间步长为 1fs。体系首先平衡 8ns，后续又运算 20ns 来开展数据统计与分析工作。

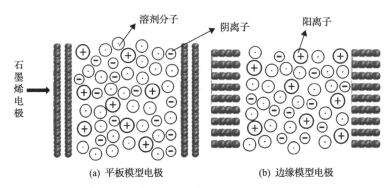

(a) 平板模型电极　　　　　　　　　(b) 边缘模型电极

图 2.43　石墨烯平板模型和边缘模型示意图

在相平衡状态的数密度分布上，不荷电边缘模型和平板模型的差异主要体现在溶剂分子。图 2.44 表示电解液在中性不荷电石墨烯平板模型和边缘模型的离子数密度分布。平板模型溶剂水分子的数密度显著高于边缘区域，但离子分布差异不大。由于不存在静电力，该现象主要与界面范德瓦耳斯作用势能强度有关，平板区域水分子与石墨烯的结合能（$E_{bind} \approx 25.38\text{MeV}$）是边缘处（纳米通道 5.0Å，$E_{bind} \approx 12.71\text{MeV}$）的 2 倍。

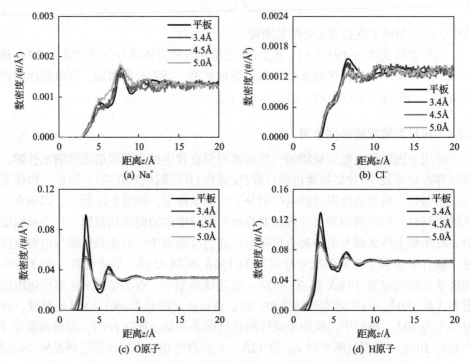

图 2.44　不同电石墨烯平板模型和边缘模型中的数密度分布

在固体介质荷电的情况下，边缘区域和平板区域的相平衡状态差异显著增加。表面电荷密度为$-15\mu\text{C/cm}^2$ 时，电解液离子在荷电石墨烯平板模型和边缘模型的分布如图 2.45 所示。相比平板区域，边缘区域阳离子（Na^+）数密度峰值更低且峰宽更大。该现象随着边缘通道层间距的增加而变得更加显著。在平板模型中，Na^+在 Helmholtz 层的峰值为 0.00957#/Å^3，是通道层间距为 3.4Å 的边缘模型的 1.43

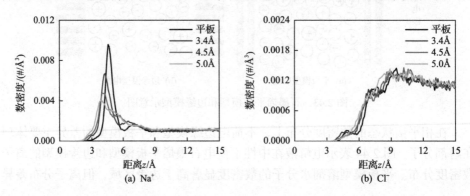

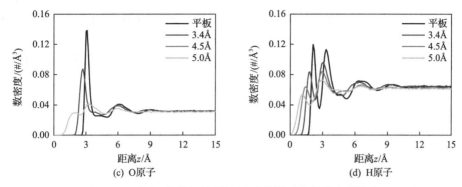

图 2.45　荷电石墨烯平板模型和边缘模型中的数密度分布

倍。当边缘模型的通道层间距增加到 5.0Å 时，Helmholtz 层的峰值进一步减小，两者的差距扩大到 2.3 倍。与阳离子不同的是，阴离子 Cl$^-$ 的排布基本不受通道层间距的影响，这主要是库仑排斥力作用导致共轭离子排布位置更加远离电极壁面。

边缘区域特殊的离子数密度分布进一步反映在电场分布上，界面电场分布 $E(z)$ 可通过高斯定律计算：

$$E(z) = \frac{(\langle Q_-(z) \rangle - \langle Q_+(z) \rangle)}{2A\varepsilon_0} \tag{2.22}$$

$$\langle Q_-(z) \rangle = Q(-L/2) + \int_{-L/2}^{z} \rho(z')\mathrm{d}z' \tag{2.23}$$

$$\langle Q_+(z) \rangle = Q(L/2) + \int_{z}^{L/2} \rho(z')\mathrm{d}z' \tag{2.24}$$

式中，$Q(-L/2)$ 和 $Q(L/2)$ 分别为在 $z = 0$Å 和 $z = 50$Å 处电极的表面电荷密度。

平板区域和边缘区域的电场曲线变化基本一致。图 2.46 为电解液离子和溶剂分子屏蔽后的电场分布。如图 2.46 所示，在电极界面，场强高达 10^{10}V/m，表明

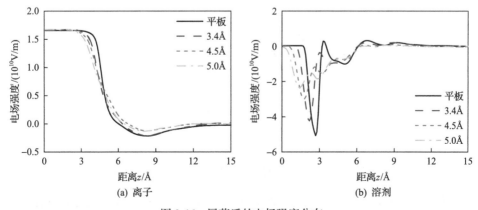

图 2.46　屏蔽后的电场强度分布

界面相平衡结构内存在强烈的库仑作用力。从石墨烯平板模型到边缘模型，电场分布基本保持一致，场强从～1.65×10^{10}V/m 降低到 0V/m。

　　边缘区域与主体区域溶剂水分子对电场的屏蔽能力存在显著差异。溶剂分子的电场屏蔽能力主要来自本身的强偶极矩和高介电常数，其与微观排布结构密切相关。边缘区域中的水分子分布更加靠近壁面，其角度分布范围也更宽。这意味着溶剂分子容易通过调整角度分布和位置来屏蔽界面电场,实现更加有效地储能。

　　为了验证上述结果及量化电解液离子和溶剂的贡献，将总电势分布分为离子势和溶剂电势。图 2.47 为主体区域和边缘区域的电势曲线分布。从图中可知，总电势曲线在 Helmholtz 层呈现出显著的振荡行为，并随距离增加而逐渐收敛。从平板型电极到边缘型电极，总电势从～2.13V 减小到～0.85V。离子电势在相平衡结构内是正值，在没有离子排布区域是线性曲线。随着离子数密度增加，离子电势将逐渐收敛。主体区域和边缘区域离子呈现出复杂的数密度变化，但其电势曲线分布却保持一致，表明离子对储能贡献基本相同，验证了上述电场分布结果。

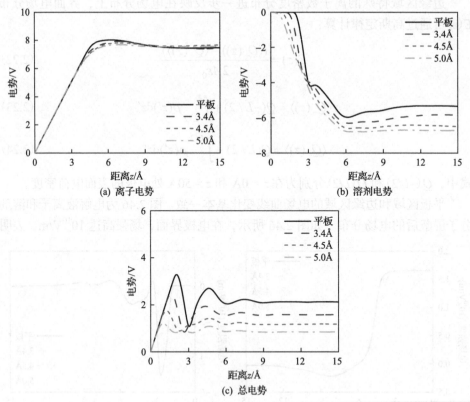

图 2.47　固体介质表面的电势分布(电荷密度为$-15\mu C/cm^2$)

　　相比于离子电势，溶剂电势曲线是负值，且呈现出更加复杂的分布规律，在

Helmholtz 层内溶剂电势表现为明显的振荡行为。其中，在没有溶剂分布区域，溶剂电势的分布是平台，随后将迅速下降并在扩散层收敛稳定。相比于主体区域，在边缘区域随着通道层间距增加，溶剂电势单调减小。这主要归咎于边缘区域溶剂分子较强的电场屏蔽能力。一方面，溶剂分子能够更加靠近边缘电极壁面，使得屏蔽能力增加；另一方面，在边缘区域发展的多层溶剂结构将更加有效地屏蔽电极电荷，最终产生较低的溶剂电势。在正极有类似的变化规律。

　　总电势曲线的峰结构，即峰值、峰谷和位置，主要取决于溶剂分子的分布。如图 2.48 所示，总电势曲线的峰值和峰谷位置分别在距电极壁面 2.0Å 和 3.0Å 的位置，与溶剂分子电荷密度分布一致。这主要与界面溶剂分子的高数密度和强偶极矩有关，其数密度比离子高 1～2 个数量级。当距电极壁面超过 4.0Å 时，界面开始出现离子排布峰结构，使得总电势和溶剂分子电荷密度两者存在显著的差异，这表明溶剂分子在决定总电荷密度分布和屏蔽界面电场中起着至关重要的作用，特别是界面 Helmholtz 层内。

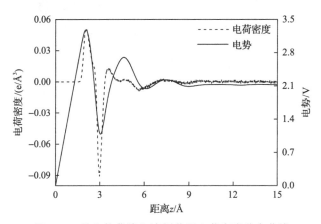

图 2.48　总电势曲线和溶剂分子电荷密度分布曲线

　　因此，分子动力学模拟结果表明，水分子排布结构的变化是导致边缘处电容强化的主要原因。这样的溶剂效应无法用经典静电吸附理论来解释。这主要是因为经典理论将溶剂的介电常数视为恒定值，与界面介电常数远低于溶液本身的事实相违背。

　　如图 2.49 所示，平板模型的负极和正极电容分别为 $5.96\mu F/cm^2$ 和 $4.40\mu F/cm^2$。显然，正、负极储能呈现出显著的非对称行为，负极电容大约是正极电容的 1.35 倍。该差异主要来自电解液离子种类、形状以及溶剂分子在正、负极排布结构的差异。

　　边缘区域的储能电容远高于主体区域，并且随着层间距的增加而更加显著。对于正极，当通道间距为 3.4Å 时，边缘模型电容为 $5.53\mu F/cm^2$，比平板模型高

25.7%。当层间距增加到 5.0Å 时，边缘能够实现储能增加 1.0 倍（从 $4.4\mu F/cm^2$ 到 $8.95\mu F/cm^2$）。负极也呈现出类似的变化规律（从 $5.96\mu F/cm^2$ 增加到 $11.0\mu F/cm^2$），最终导致总电容增加了 95.4%。上述结果表明，采用密度泛函理论和分子动力学模拟相结合的多尺度模拟方法，可以更为准确地量化边缘效应对储能的影响，与实验报道结果更为吻合[20,21,32]。

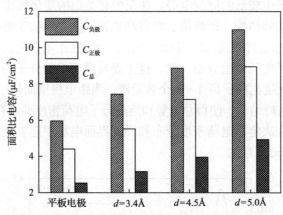

图 2.49　石墨烯平板模型和边缘模型的储能电容

微分电容曲线是衡量界面相平衡状态对电极电势响应规律的重要手段。通过积分泊松方程，获得了电极电势 U 与表面电荷密度 σ 的曲线，即 U-σ 曲线。利用四次多项式拟合 U-σ 曲线并求其微分，即可得到微分电容曲线 C_D-U：

$$C_D = \frac{d\sigma}{dU} \tag{2.25}$$

图 2.50 表示静电吸附过程中平板模型和边缘模型的微分电容曲线。对于平板模型，其微分电容在 $4.0\mu F/cm^2$ 和 $7.0\mu F/cm^2$ 之间波动。但是，所得微分电容曲线不同于经典静电吸附理论（Gouy-Chapman-Stern）的 U 形，以及室温离子溶液静电吸附体系的驼峰形（camel-shaped）或钟形（bell-shaped）[33-35]。这是由于经典理论是简化的模型，忽略了界面相平衡结构中强烈的离子–离子相互作用、离子–溶剂相互作用、体积受限效应及溶剂作用等，只适用于低电压、低浓度的水系电解液。相比没有溶剂的室温离子溶液，溶剂水分子具有强偶极矩和高介电常数，有效屏蔽了离子–离子间和离子–电极壁面间作用，其相平衡状态呈现出不同的电极电势响应规律。

对于边缘模型，其微分电容主要在 $5.5\sim7.0\mu F/cm^2$ 波动，呈现出电极电势弱相关的特性。并且，在任一电极电势下，边缘模型的微分电容基本都高于石墨烯平板模型。这是由于边缘处电场强度显著高于平板，能够促进阳离子–阴离子分离，提高电极电势的响应能力，进而强化了储能电容[36,37]。

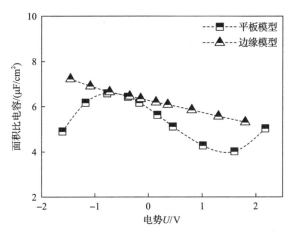

图 2.50 石墨烯平板模型和边缘模型的微分电容随电极电势的变化规律

基于所得微分电容曲线，进一步量化了两个模型在能量密度 (E) 方面的差异：

$$E = \int_0^{U_0} C_D(U) U dU \qquad (2.26)$$

式中，$C_D(U)$ 为微分电容在电势为 U 时的数值；U_0 为电压窗口。在相同电势下，石墨烯边缘模型能量密度显著高于石墨烯平板。例如，在 $U = 1.7\text{V}$ 时，能量密度分别计算为 $E_{edge} = 8.5 \times 10^{-2} \text{J/m}^2$ 和 $E_{plane} = 6.3 \times 10^{-2} \text{J/m}^2$。

为了考察界面相平衡结构与电极电势的关系，计算了表面电荷密度 ($|\sigma|$) 与电势 (U) 间的关联曲线。根据 Kornyshev 的平均场理论，如果界面相平衡结构发生晶格饱和现象，即无法再容纳更多离子来屏蔽电极电荷[33-35]，那么在高电势阶段，表面电荷密度与电极电势将满足以下关系式：

$$|\sigma| \propto |U|^{0.5} \qquad (2.27)$$

说明 $|\sigma|$ 与 $U^{0.5}$ 之间正相关。同时，储能电容与电势之间满足以下关系：

$$C \propto |U|^{-0.5} \qquad (2.28)$$

在相同电势下，边缘区域比石墨烯平板能够存储更多的电荷量。如图 2.51 所示，随着 $U^{0.5}$ 数值的增加，电荷密度呈现出指数关系变化，表明电荷密度增加速度显著高于电极电势，固液界面尚未达到晶格饱和状态。另外，在相同电极电势下，边缘模型的电荷密度明显高于平板模型电极，且该趋势随着电势 U 增加而更加显著。例如，当 $U^{0.5}=1.3\mathrm{V}$ 时，边缘模型电荷密度大约是平板模型的 2 倍。

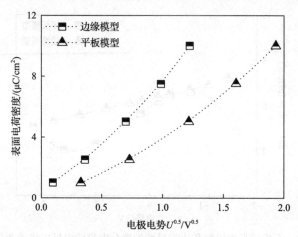

图 2.51　石墨烯表面电荷密度 $|\sigma|$ 与电极电势 $U^{0.5}$ 的关联式

参 考 文 献

[1] Wang J M, Wolf R M, Caldwell J W, et al. Development and testing of a general amber force field[J]. Journal of Computational Chemistry, 2004, 25 (9): 1157-1174.

[2] Gontrani L, Russina O, Marincola F C, et al. An energy dispersive X-ray scattering and molecular dynamics study of liquid dimethyl carbonate[J]. Journal of Chemical Physics, 2009, 131 (24): 4503.

[3] Wu X P, Liu Z P, Huang S P, et al. Molecular dynamics simulation of room-temperature ionic liquid mixture of bmim [BF$_4$] and acetonitrile by a refined force field[J]. Physical Chemistry Chemical Physics, 2005, 7 (14): 2771-2779.

[4] Masia M, Rey R. Computational study of gamma-butyrolactone and Li$^+$/γ-butyrolactone in gas and liquid phases[J]. Journal of Physical Chemistry B, 2004, 108 (46): 17992-18002.

[5] Yang L, Fishbine B H, Migliori A, et al. Dielectric saturation of liquid propylene carbonate in electrical energy storage applications[J]. Journal of Chemical Physics, 2010, 132 (4): 4701.

[6] Zhong C, Deng Y D, Hu W B, et al. A review of electrolyte materials and compositions for electrochemical supercapacitors[J]. Chemical Society Reviews, 2015, 44 (21): 7484-7539.

[7] Reiser S, Deublein S, Vrabec J, et al. Molecular dispersion energy parameters for alkali and halide ions in aqueous solution[J]. Journal of Chemical Physics, 2014, 140 (4): 4504.

[8] Daniels I N, Wang Z X, Laird B B. Dielectric properties of organic solvents in an electric field[J]. Journal of Physical Chemistry C, 2017, 121 (2): 1025-1031.

[9] Bockris J O, Devanathan M A V, Muller K. On structure of charged interfaces[J]. Proceedings of the Royal Society of London Series A: Mathematical and Physical Sciences, 1963, 274 (1356): 55.

[10] Li S, Zhang P F, Fulvio P F, et al. Enhanced performance of dicationic ionic liquid electrolytes by organic solvents[J]. Journal of Physics-Condensed Matter, 2014, 26 (28): 4105.

[11] DeYoung A D, Park S W, Dhumal N R, et al. Graphene oxide supercapacitors: A computer simulation study[J]. Journal of Physical Chemistry C, 2014, 118 (32): 18472-18480.

[12] Ho T A, Striolo A. Capacitance enhancement via electrode patterning[J]. Journal of Chemical Physics, 2013, 139(20): 4708.

[13] Wang Z X, Yang Y, Olmsted D L, et al. Evaluation of the constant potential method in simulating electric double-layer capacitors[J]. Journal of Chemical Physics, 2014, 141(18): 4102.

[14] Merlet C, Péan C, Rotenberg B, et al. Simulating supercapacitors: Can we model electrodes as constant charge surfaces?[J]. Journal of Physical Chemistry Letters, 2013, 4(2): 264-268.

[15] Martínez L, Andrade R, Birgin E G, et al. Packmol: A package for building initial configurations for molecular dynamics simulations[J]. Journal of Computational Chemistry, 2009, 30(13): 2157-2164.

[16] Cheng A, Steele W A. Computer simulation of ammonia on graphite .1. Low-temperature structure of monolayer and bilayer films[J]. Journal of Chemical Physics, 1990, 92(6): 3858-3866.

[17] Bo Z, Yang H, Zhang S, et al. Molecular insights into aqueous NaCl electrolytes confined within vertically-oriented graphenes[J]. Scientific Reports, 2015, 5: 14652.

[18] Randin J P, Yeager E. Differential capacitance study of stress-annealed pyrolytic graphite electrodes[J]. Journal of the Electrochemical Society, 1971, 118(5): 711.

[19] Yuan W, Zhou Y, Li Y, et al. The edge- and basal-plane-specific electrochemistry of a single-layer graphene sheet[J]. Scientific Reports, 2013, 3: 2248.

[20] Zhang C G, Peng Z W, Lin J, et al. Splitting of a vertical multiwalled carbon nanotube carpet to a graphene nanoribbon carpet and its use in supercapacitors[J]. ACS Nano, 2013, 7(6): 5151-5159.

[21] Hassan M, Haque E, Reddy K R, et al. Edge-enriched graphene quantum dots for enhanced photo-luminescence and supercapacitance[J]. Nanoscale, 2014, 6(20): 11988-11994.

[22] Jang I Y, Ogata H, Park K C, et al. Exposed edge planes of cup-stacked carbon nanotubes for an electrochemical capacitor[J]. Journal of Physical Chemistry Letters, 2010, 1(14): 2099-2103.

[23] Qi J L, Wang X, Lin J H, et al. A high-performance supercapacitor of vertically-oriented few-layered graphene with high-density defects[J]. Nanoscale, 2015, 7(8): 3675-3682.

[24] Yang G M, Zhang H Z, Fan X F, et al. Density functional theory calculations for the quantum capacitance performance of graphene-based electrode material[J]. Journal of Physical Chemistry C, 2015, 119(12): 6464-6470.

[25] Giannozzi P, Baroni S, Bonini N, et al. QUANTUM ESPRESSO: A modular and open-source software project for quantum simulations of materials[J]. Journal of Physics-Condensed Matter, 2009, 21(39): 5502.

[26] Kohn W, Sham L J. Quantum density oscillations in an inhomogeneous electron gas[J]. Physical Review, 1965, 137(6A): 1697.

[27] Monkhorst H J, Pack J D. Special points for brillouin-zone integrations[J]. Physical Review B, 1976, 13(12): 5188-5192.

[28] Sanville E, Kenny S D, Smith R, et al. Improved grid-based algorithm for Bader charge allocation[J]. Journal of Computational Chemistry, 2007, 28(5): 899-908.

[29] Tang W, Sanville E, Henkelman G. A grid-based Bader analysis algorithm without lattice bias[J]. Journal of Physics Condensed Matter, 2009, 21(8): 4204.

[30] Yu M, Trinkle D R. Accurate and efficient algorithm for Bader charge integration[J]. Journal of Chemical Physics, 2011, 134(6): 4111.

[31] Essmann U, Perera L, Berkowitz M L, et al. A smooth particle mesh Ewald method[J]. Journal of Chemical Physics, 1995, 103(19): 8577-8593.

[32] Kim T, Lim S, Kwon K, et al. Electrochemical capacitances of well-defined carbon surfaces[J]. Langmuir, 2006, 22(22): 9086-9088.

[33] Fedorov M V, Georgi N, Kornyshev A A. Double layer in ionic liquids: The nature of the camel shape of capacitance[J]. Electrochemistry Communications, 2010, 12(2): 296-299.

[34] Fedorov M V, Kornyshev A A. Ionic liquid near a charged wall: Structure and capacitance of electrical double layer[J]. Journal of Physical Chemistry B, 2008, 112(38): 11868-11872.

[35] Kornyshev A A. Double-layer in ionic liquids: Paradigm change?[J]. Journal of Physical Chemistry B, 2007, 111(20): 5545-5557.

[36] Pak A J, Paek E, Hwang G S. Impact of graphene edges on enhancing the performance of electrochemical double layer capacitors[J]. Journal of Physical Chemistry C, 2014, 118(38): 21770-21777.

[37] Vatamanu J, Cao L, Borodin O, et al. On the influence of surface topography on the electric double layer structure and differential capacitance of graphite/ionic liquid interfaces[J]. Journal of Physical Chemistry Letters, 2011, 2(17): 2267-2272.

第3章 离子自扩散行为

当固液界面达到热力学平衡后，体系中的离子并非固定不动，而是会因为热运动不断发生空间位置的变化。自扩散系数是表征离子在电解液中热运动行为的重要参数，与扩散介质（溶剂）、温度、压力等因素有重要关联。电解液的电导率与离子自扩散系数呈正相关，一般情况下，当电解液的离子浓度相同时，离子自扩散系数越大，电解液的电导率也越高，在静电吸附储能过程中表现为较低的扩散阻抗。本章介绍了离子自扩散系数的数值模拟计算，分析了纳米受限空间中的离子自扩散行为，重点介绍了纳米受限空间尺寸、离子种类、电场及环境温度对自扩散系数和电导率的影响。

3.1 数值模拟计算方法

关于离子自扩散系数的相关研究可以追溯到 1952 年，美国南加州大学 Nielsen 等使用膜池法（diaphragm cell method）测量了不同浓度下氯化钠和硫酸钠溶液中的离子自扩散系数[1]。后续研究者陆续利用核磁共振（nuclear magnetic resonance）、准弹性中子散射（quasi-elastic neutron scattering）和宽频介电谱（broadband dielectric spectroscopy）等方法，对孔隙内的离子自扩散系数进行了表征[2]。然而，这些技术适用于宏观溶液或空间尺寸为数个纳米及以上范围（如 5nm 以上）的系统。在更小的尺度范围内，尤其是亚纳米（小于 1nm）空间内的离子动力学还未见报道。随着固体介质结构尺寸的纳米化发展，特别是针对 2nm 以下纳米受限空间，实验手段难以直接检测离子自扩散系数。近年来，通过分子动力学模拟方法对离子自扩散系数进行计算得到越来越多的关注。例如，美国德雷塞尔大学 Wander 等计算了石墨纳米狭缝孔中碱金属卤化物离子的自扩散系数[3,4]。美国路易斯安那州立大学 Singh 和 Monk 等计算了碳纳米管、石墨狭缝孔和介孔碳材料中离子液体的动力学特性[5-7]。

分子动力学模拟的首要步骤是建立模型。针对体相溶液（非受限体系）和孔隙内的电解液（纳米受限体系），分别建立了分子动力学模型。如图 3.1(a)所示，非受限体系为边长约 40Å 的立方空间，包含了 76 个 Na^+、76 个 Cl^- 和 2015 个水分子，Na^+ 与 Cl^- 的摩尔浓度均为 2mol/L。如图 3.1(b)所示，受限空间体系由两个石墨烯纳米通道和电解液池组成，包含了 560 个 Na^+、76 个 Cl^- 和 14812 个水分子。石墨烯纳米通道沿着 X 方向和 Y 方向的长度分别设定为 46.86Å 和 24.60Å。通道宽度(沿着 Z 方向)选取了7Å、12Å 和16Å 三种梯度,以研究通道尺寸对离子自扩散的影响。由于碳原子直径约为3.4Å,因此通道的有效宽度分别为3.6Å、8.6Å 和12.6Å。受限与非受限体系均设置了283K、298K、313K 和333K 四个温度梯度,目的是观察不同温度下两个体系的差异。

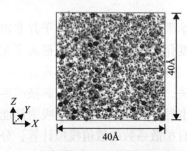

(a) 非受限体系的分子动力学模拟模型

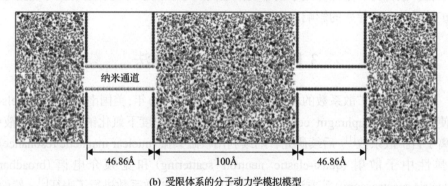

(b) 受限体系的分子动力学模拟模型

图 3.1　分子动力学模拟模型

　　分子动力学模拟采用免费开源的 LAMMPS 软件,选择正则系综(NVT),通过 VMD 软件进行可视化操作。使用三维周期性边界条件,石墨烯纳米通道在模拟过程中固定不动。模拟先进行 5ns 的平衡运行,保证模拟体系处于热力学平衡状态从而获取可靠的轨迹数据。在平衡后,继续运行 5~10ns 用于收集数据,时间步长取 1fs。

　　在分子动力学模拟中,原子(或离子)间的势能参数包括范德瓦耳斯作用和库仑静电作用。其中,范德瓦耳斯力和库仑短程作用力的截断半径取为 12Å,库仑静电长程作用力选择粒子网格 Ewald 求和法处理[8],均方根误差取 10^{-6}。温度采用 Nosé-Hoover 热浴法设置[9]。水分子的构建使用简易点电荷扩展模型(simple point charge extended model,SPC/E)[10],键长设为 1.0Å,H—O—H 键角设为 109.47°。C 原子、Na^+、Cl^- 和水分子中的 O 原子、H 原子的各项模拟参数见表 2.1[11,12]。

基于分子动力学模拟，自扩散系数 (D) 可以通过均方位移（mean square displacement，MSD）方法计算：

$$D = \frac{1}{2n}\lim_{t\to\infty}\frac{\langle[r(t)-r(0)]^2\rangle}{t} = \frac{1}{2n}\lim_{t\to\infty}\frac{\langle\mathrm{MSD}(t)\rangle}{t} \tag{3.1}$$

式中，$r(t)$ 为 t 时刻粒子的质心位置；$r(0)$ 为零时刻离子的质心位置；n 为系统的维度；角括号表示使用了系综平均。系综平均是基于模拟时长内的所有时间原点，计算误差取四次独立模拟运行结果的标准差。对于非受限体系，由于自扩散系数的计算考虑了 X、Y、Z 三个方向的均方位移，三个维度的自由度，n 设定为 3。对于受限体系，由于自扩散系数的计算只考虑两个维度的自由度，n 设定为 2，只考虑平行于通道壁面位于 XY 平面内的均方位移，并且均方位移的计算只针对模拟过程中一直存在于纳米通道内的离子或水分子。

3.2　非受限空间离子自扩散系数计算及可靠性验证

非受限空间主要针对宏观体相溶液和孔隙内的电解液，其特点是离子运动不变或较少受固体壁面的影响和限制。离子自扩散系数表征了离子热运动的剧烈程度，与环境温度紧密相关，可以通过统计单位时间内离子的运动状态获得。本节采用分子动力学模拟方法计算了非受限体系的自扩散系数，通过与文献报道的实验测量值对比，验证数值计算方法的可靠性，并分析温度对离子、溶剂（水）分子自扩散系数的影响。

离子与分子的均方位移表示这些粒子在一定时间后与初始位置的平均距离，其绝对数值的大小可以表征自扩散能力的强弱。通过对分子动力学模拟结果进行热力学统计，可以获得离子或溶剂分子的均方位移，并作为后续计算自扩散系数的基础数据。如图 3.2 所示，随着时间的延长，均方位移整体上呈现出

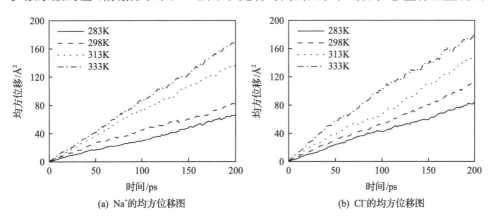

(a) Na⁺的均方位移图　　　　　(b) Cl⁻的均方位移图

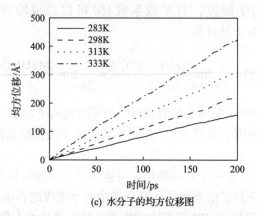

(c) 水分子的均方位移图

图 3.2　非受限体系中离子和水分子均方位移随时间的演变

持续上涨的趋势，表示离子或分子在不断运动，且时间越长，偏离其初始位置的距离越大。在相同的时刻，均方位移的绝对数值越大，说明粒子的自扩散能力越强，在相同的时间内，能到达更远的地方。因此从对比图中不同温度（283K、298K、313K 和 333K）下的曲线可以看出，Na^+、Cl^-和水分子均随着温度的上升而呈现出自扩散增强的趋势，表明离子和水分子的热运动随温度的升高而加快。

　　基于均方位移结果，通过式(3.1)可以计算获得离子的自扩散系数。如图 3.3 所示，当体系温度为 298K 时，Na^+和Cl^-的自扩散系数分别为 $0.76×10^{-9}m^2/s$ 和 $0.97×10^{-9}m^2/s$，与美国南加州大学 Nielsen 等通过膜池法测试的结果接近[1]。Nielsen 测量的 Na^+和 Cl^-的自扩散系数分别为 $1.17×10^{-9}m^2/s$ 和 $1.63×10^{-9}m^2/s$，为图中空心三角形数据。此外，水分子自扩散系数的模拟结果为 $1.86×10^{-9}m^2/s$，与日本理化学研究所 Tanaka 的实验测量接近[13]，Tanaka 测量的水分子自扩散系数为 $2.20×10^{-9}m^2/s$，为图中的空心方形数据。

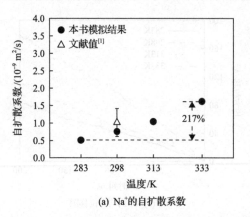

(a) Na^+的自扩散系数

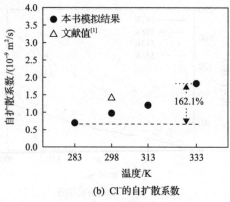

(b) Cl^-的自扩散系数

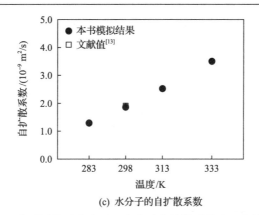

(c) 水分子的自扩散系数

图 3.3　非受限体系中离子和水分子自扩散系数随温度的变化

　　另外，温度对离子或分子的热运动有重要影响，进而改变自扩散系数。图中可见，Na^+、Cl^- 和水分子的自扩散系数均随着温度的升高而增大。当温度从 283K 升高到 333K 时，Na^+ 的自扩散系数从 $0.51089 \times 10^{-9} m^2/s$ 升高到 $1.61931 \times 10^{-9} m^2/s$，增长了 2.17 倍，$Cl^-$ 的自扩散系数从 $0.6969 \times 10^{-9} m^2/s$ 升高到 $1.82671 \times 10^{-9} m^2/s$，增长了 1.62 倍，水分子的自扩散系数从 $1.28666 \times 10^{-9} m^2/s$ 升高到 $3.49812 \times 10^{-9} m^2/s$，增长了 1.72 倍。此外，对比三者的自扩散系数发现，在相同的温度下，Na^+ 与 Cl^- 的自扩散系数均低于水分子，其中 Cl^- 的自扩散系数又高于 Na^+ 的自扩散系数。这说明水分子的热运动最强烈，Cl^- 次之，Na^+ 自扩散能力相对较弱。

3.3　纳米受限空间离子自扩散系数

　　由于强烈的体积空间效应和表面作用，受限体系呈现出不同于非受限空间的离子和溶剂分子自扩散运动规律。本节重点讨论离子在纳米受限通道中的自扩散行为，通过与非受限体系对比，突出在受限空间中离子自扩散所呈现出的特殊现象和规律，并从离子浓度分布、离子与壁面的相互作用等方面分析造成这些结果的原因。

　　随着环境温度的升高，受限空间内离子和溶剂分子的自扩散系数单调增加，但是其增加程度显著低于非受限体系。图 3.4 为受限的石墨烯纳米通道内 Na^+、Cl^- 和水分子在不同温度下的自扩散系数。Na^+ 和 Cl^- 的自扩散系数均随着温度的升高而增大，这一趋势与非受限空间的变化规律基本一致。值得注意的是，相比于非受限空间，温度对自扩散系数的影响在纳米受限空间相对更小。例如，随着温度从 283K 升高到 333K，在宽度为 16Å 的纳米通道中 Na^+ 和 Cl^- 的自扩散系数分别增大了 82.5% 和 75.9%（图 3.4），而在非受限体系中 Na^+ 和 Cl^- 的自扩散系数分别增大了 217% 和 162.1%（图 3.3）。这主要是由于受限空间内离子的热运动同时受到温度和壁面的影响，壁面的作用在一定程度上降低了温度的影响。水分子也呈现出类似的变化规律。

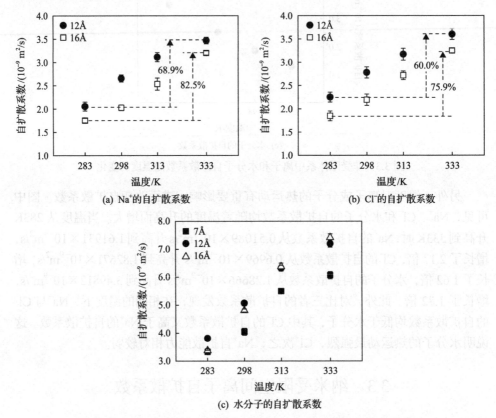

(a) Na$^+$的自扩散系数

(b) Cl$^-$的自扩散系数

(c) 水分子的自扩散系数

图 3.4　石墨烯纳米通道内的离子和水分子自扩散系数随温度的演变

为了进一步解释上述现象，通过量化非受限和受限体系中离子自扩散过程的活化能，定量甄别自扩散系数对温度的敏感度。通过阿伦尼乌斯(Arrhenius)定律拟合自扩散系数随温度的变化曲线，可以获得离子自扩散过程的活化能：

$$D = A_0 \exp\left(\frac{-E_a}{RT}\right) \tag{3.2}$$

式中，D 为离子自扩散系数；A_0 为指数前系数；R 为摩尔气体常数[8.314J/(mol·K)]；E_a 为活化能；T 为热力学温度。其中，在确定的研究体系中，指数前系数与活化能均为常数项，热力学温度为自变量，离子自扩散系数为因变量。根据公式中各项的数学关系可知，活化能项越大，温度对自扩散系数的敏感性越强，即改变单位温度值，对自扩散系数影响的百分比越高。

纳米受限空间内离子扩散过程的活化能显著低于非受限体系。如表 3.1 所示，Na^+ 和 Cl^- 在非受限体系溶液中的活化能分别为 17.95kJ/mol 和 14.76kJ/mol。而对于宽度为 16Å 的纳米通道的受限体系，Na^+ 和 Cl^- 的活化能分别显著降低到 9.62kJ/mol 和 9.03kJ/mol。当通道宽度为 12Å 时，活化能数值将分别进一步减小到 8.18kJ/mol 和 7.30kJ/mol。因此，纳米受限空间可以降低离子自扩散过程的活化能，使离子的自扩散系数对温度的敏感性降低。

表 3.1　宏观体系和纳米受限通道内离子扩散系数的活化能

	尺寸/Å	活化能/(kJ/mol)	
		Na^+	Cl^-
宏观体系	—	17.95	14.76
纳米受限通道	7	—	—
	12	8.18	7.30
	16	9.62	9.03

另外一个特殊的现象是，受限体系中沿壁面离子的自扩散系数显著高于非受限体系，呈现出特殊的纳米受限空间自扩散增强现象。例如，在环境温度 298K 下，如图 3.4 所示，Na^+ 在宽度为 12Å 的纳米通道中的自扩散系数为 $2.65 \times 10^{-9} m^2/s$，是非受限条件下自扩散系数（$0.76 \times 10^{-9} m^2/s$）的 3.5 倍；$Cl^-$ 在宽度为 12Å 的纳米通道中的自扩散系数为 $2.78 \times 10^{-9} m^2/s$，是非受限条件下自扩散系数（$0.97 \times 10^{-9} m^2/s$）的 2.87 倍。

纳米受限空间内离子自扩散增强现象的一个重要原因是通道内离子浓度低于非受限体系，导致阴离子与阳离子间交互作用降低，离子热运动增强。通过浓度系数 τ 量化描述纳米通道内离子浓度，定义为

$$\tau = c_{channel} / c_{bulk} \tag{3.3}$$

式中，$c_{channel}$ 和 c_{bulk} 分别为受限通道内和非受限体系的离子浓度。如图 3.5 所示，在相同温度下，Na^+ 和 Cl^- 在宽度为 12Å 和 16Å 的纳米通道内的浓度系数均小于 0.5，表明纳米通道内的离子浓度远小于非受限体系。

相比于非受限体系，典型分子动力学模拟状态截图证实了纳米通道内阴离子与阳离子间交互作用显著降低，热运动增强。在分子动力学模拟中，通过将电解液状态可视化，直观地对比离子在非受限空间和受限空间分布的差异。如图 3.6 所示，在相同尺寸的截面范围内，受限体系 Na^+ 和 Cl^- 在纳米通道中数量明显减少，并且，Na^+ 和 Cl^- 所形成的离子对（图中椭圆圈内）数量显著低于非受限空间。上述现象将降低离子间作用力，增强离子在纳米通道内的热运动和自扩散。

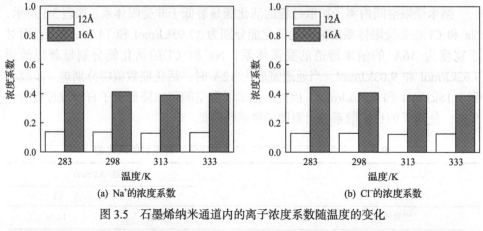

图 3.5　石墨烯纳米通道内的离子浓度系数随温度的变化

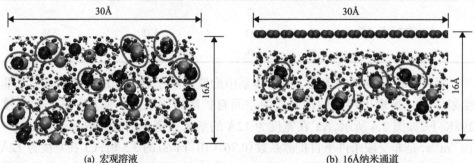

图 3.6　分子动力学模拟的典型区域截图

纳米受限空间内离子自扩散增强现象的另外一个重要原因是，石墨烯纳米通道内疏电解液壁面能降低电解液与壁面间摩擦力，促进离子扩散增强。为了定量研究纳米受限空间壁面的影响，在控制相同浓度的前提下，计算了受限和非受限体系 Na^+ 和 Cl^- 的自扩散系数，并根据美国明尼苏达大学 Cussler 所提出的公式定量计算了 NaCl 电解液自扩散系数 D_{NaCl}[14]：

$$D_{NaCl} = \frac{2}{1/D_{Na^+} + 1/D_{Cl^-}} \quad (3.4)$$

式中，D_{Na^+} 和 D_{Cl^-} 分别为 Na^+ 和 Cl^- 的自扩散系数。宽度为 12Å 和 16Å 的纳米通道内的离子浓度取 Na^+ 和 Cl^- 浓度的平均值，非受限体系中采用了和纳米通道内相同的离子浓度。

即使在同样的电解液浓度下，受限石墨烯通道内的离子自扩散系数仍大于非受限体系对照组。这种电解液内离子加速扩散的现象也曾被报道出现于石墨狭缝孔体系中[3]。这是由于在纳米受限条件下，电解液中很大部分的离子-离子、溶剂分子-溶剂分子和离子-溶剂分子间相互作用被电解液-石墨烯壁面间相互作用取代。石墨烯表面水滴接触角范围为 87°～127°，表现为弱亲水或疏水特性[15-17]。因此，这种疏溶剂的壁面将有利于电解液中离子和水分子沿通道壁面的移动，从而导致更高的自扩散系数。另外，模拟中设置的石墨烯模型表面光滑无褶皱，也有利于离子快速扩散。

3.4　不同类型离子在纳米通道内的自扩散系数

NaCl 电解液在受限石墨烯纳米通道内存在自扩散系数增强现象，但对于其他种类的离子是否存在相似的规律，仍然需要进一步的验证。本节重点讨论纳米通道离子自扩散增强结论的普适性，并比较通道尺寸和体系温度对不同离子自扩散系数的影响。

选择了 Li$^+$、Na$^+$ 和 K$^+$ 三种典型的碱金属阳离子，阴离子均采用 Cl$^-$。四种离子的裸离子直径和水合离子直径如表 3.2 所示[18]。针对离子的裸离子直径和水合直径，石墨烯纳米通道的间距选择为 10Å、14Å 和 18Å。

表 3.2　Li$^+$、Na$^+$、K$^+$ 和 Cl$^-$ 的裸离子直径和水合离子直径

离子种类	裸离子直径/Å	水合离子直径/Å
Li$^+$	1.20	7.64
Na$^+$	1.90	7.16
K$^+$	2.66	6.62
Cl$^-$	1.81	6.64

对于 LiCl、NaCl 和 KCl 三种不同的电解液，纳米通道中的离子和分子自扩散系数均高于宏观值，如图 3.7～图 3.9 所示。这说明除了 NaCl，LiCl 和 KCl 电解液中也出现了受限空间内离子、水分子扩散增强现象。同时，对比不同电解液体系，离子和水分子在宏观和受限空间内的趋势是一致的。例如，宏观体系下，K$^+$ 的自扩散系数最高（1.56×10^{-9} m^2/s），Na$^+$ 次之（0.76×10^{-9} m^2/s），Li$^+$ 最低（0.64×10^{-9} m^2/s），而在 10Å、14Å 和 18Å 的石墨烯通道中，依然是 K$^+$ 的自扩散系数最高，Li$^+$ 最低。

在石墨烯纳米通道中，Li$^+$ 和 Na$^+$ 的自扩散系数随着通道尺寸的增大而减小，而 K$^+$ 的自扩散系数随着通道尺寸先减小后增大。如图 3.7 所示，当纳米通道的宽度从 18Å 减小到 14Å 时，K$^+$ 的自扩散系数从 2.84236×10^{-9} m^2/s 减小到 2.6949×10^{-9} m^2/s。但继续减小通道宽度到 10Å，K$^+$ 的自扩散系数又上升到 2.8659×10^{-9} m^2/s。值得注意的是，Li$^+$、Na$^+$、K$^+$ 三种阳离子的最高自扩散系数均出现在宽度为 10Å 的纳米通道，分别为 1.59183×10^{-9} m^2/s、1.90213×10^{-9} m^2/s 和 2.8659×10^{-9} m^2/s。

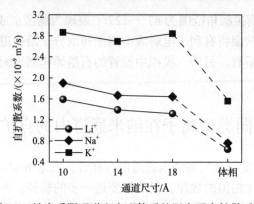

图 3.7　纳米受限通道和宏观体系的阳离子自扩散系数

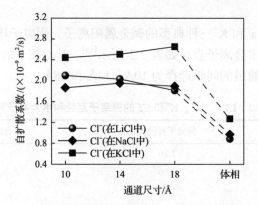

图 3.8　纳米受限通道和宏观体系的阴离子自扩散系数

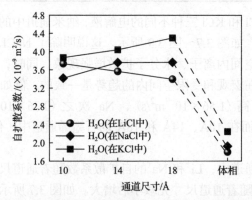

图 3.9　纳米受限通道和宏观体系的水分子自扩散系数

　　在 LiCl、NaCl 和 KCl 三种电解液体系中，Cl⁻在纳米通道中的自扩散都表现出明显的增强现象，但是其随通道尺寸变化的规律有所不同。在 LiCl 体系中，Cl⁻的自扩散系数随通道宽度的减小而逐渐升高。在 NaCl 体系中，Cl⁻的自扩散系数表现出先上升后下降的趋势。在 KCl 体系中，Cl⁻的自扩散系数随通道宽度的减小而逐渐降低。

与阴离子和阳离子类似，水分子也在纳米通道中存在自扩散系数增强现象，但是其随纳米通道间距的变化规律与阴阳离子不同。在 LiCl 体系中，水分子自扩散系数随通道间距的减小而持续升高。而在 NaCl 体系中，当通道宽度从 18Å 减小到 14Å，水分子的自扩散系数几乎不变，但当通道宽度进一步缩小到 10Å，其自扩散系数略微下降。在 KCl 体系中，水分子的自扩散系数随通道间距的减小而减小。

如前所述，离子浓度是影响自扩散的因素之一。此处引入浓度系数 (τ)，从离子浓度分布的角度分析离子自扩散系数随纳米通道尺寸变化的原因。如图 3.10 所示，LiCl 和 NaCl 电解液中的离子浓度系数随着纳米通道间距的增大而增大，而 KCl 电解液中的离子浓度系数呈现随纳米通道间距先增大后减小的趋势。阳离子浓度系数随纳米通道尺寸的变化规律与对应离子的自扩散系数呈现出负相关的关系。

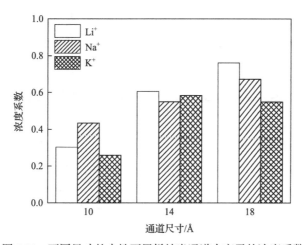

图 3.10　不同尺寸的中性石墨烯纳米通道中离子的浓度系数

除了浓度分布，离子间交互作用和成对情况也是影响离子自扩散的关键因素。通过径向分布函数，可以量化离子间交互作用和成对情况。离子的径向分布函数指的是以某离子为中心，其他离子沿径向的分布概率，用 $g(r)$ 表示：

$$g(r) = \frac{\mathrm{d}N}{4\pi r^2 \rho \mathrm{d}r} \tag{3.5}$$

式中，N 为周围粒子数；ρ 为该粒子的浓度；r 为与中心离子的距离。

径向分布函数结果证实，离子周围配位数随通道间距的变化是导致上述自扩散系数变化的重要原因之一。以阳离子 $(Li^+、Na^+、K^+)$ 为中心，阴离子 (Cl^-) 的径向分布函数如图 3.11(a)～(c) 所示。在靠近阳离子中心 $(r=0)$ 的地方，可以观察到一个明显的峰 (即首峰)。对首峰积分，可以得到阳离子周围的阴离子配位数，反映了阴阳离子的成对程度，如图 3.11（d）所示。配位数越大则成对程度越高，反之亦然。从图中可以看出，随着通道宽度从 10Å 增大到 18Å 时，Li^+ 和 Na^+ 的阴离子配位数均增加，而 K^+ 的配位数先增大后减小。相反，Li^+ 和 Na^+ 的自扩散系数随纳米通道尺寸的增大而减小，回顾图 3.7，而 K+的自扩散系数先减小后增大。随纳米通道尺寸的变化，阳离子自扩散系数与阴离子配位数表现出完全相反的变化规律，一定程度说明配位数的变化也是导致纳米受限空间内离子自扩散系数变化的原因之一。综上所述，纳米通道内离子的浓度系数和配位数的变化是导致离子自扩散系数随通道尺寸变化的主要原因。

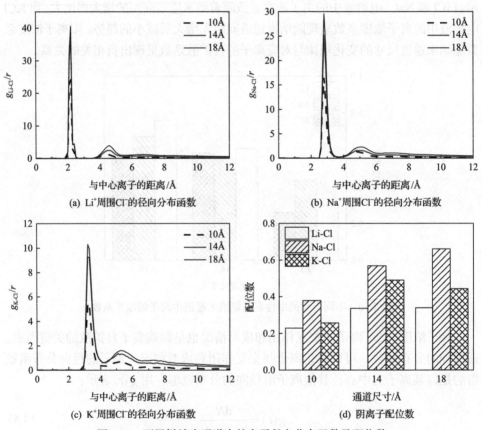

图 3.11　石墨烯纳米通道中的离子径向分布函数及配位数

3.5　荷电纳米通道内的离子自扩散系数

固液静电吸附通过在固体介质表面施加电荷吸附电解液中离子实现储能，理解荷电状态下的离子自扩散行为有助于优化电荷传输特性，提高超级电容储能性能。本节通过分子动力学模拟计算了荷电石墨烯纳米通道内的离子自扩散系数，着重讨论在电场作用下，纳米通道尺寸和温度对离子自扩散行为和电解液电导率的影响。

石墨烯纳米通道表面荷电导致 Na^+ 的自扩散系数减小。比较图 3.12 与图 3.4(a) 可知，在相同尺寸的纳米通道中，纳米通道荷负电(电荷密度为 $-5\mu C/cm^2$)后，Na^+ 的自扩散系数显著降低，其数值低于非荷电体系。这是因为在带负电的纳米通道内，库仑静电作用导致阳离子(Na^+)吸附于壁面并阻碍其自由扩散。另外，当纳米通道荷正电(电荷密度为 $+5\mu C/cm^2$)后，Na^+ 的自扩散系数也明显低于不荷电体系。

Na^+ 自扩散系数随着温度的增加而增加，与不荷电体系有着类似的变化规律。如图 3.12 所示，无论纳米通道荷负电还是荷正电，当温度从 283K 上升到 333K 时，纳米通道尺寸越大，Na^+ 的自扩散系数增大幅度越大。这说明在尺寸较大的荷电纳米通道中，温度对阳离子自扩散行为的影响更为显著。此外，在纳米通道荷负电的状态下，Na^+ 能够进入层间距更小的 7Å 纳米通道，这说明在电场的作用下，Na^+ 发生了去溶剂化现象，脱除了表面的水合层和配位离子，使离子尺寸变小，能够进入尺寸较小的纳米通道[19, 20]。然而，在纳米通道表面荷正电的情况下，Na^+ 由于没有发生去溶剂化现象，无法进入层间距为 7 Å 的纳米通道内。

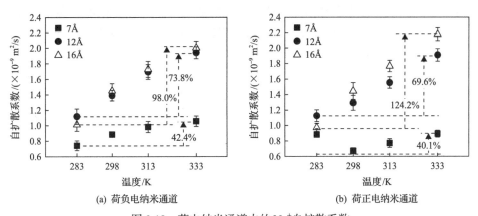

(a) 荷负电纳米通道　　　　　　　　(b) 荷正电纳米通道

图 3.12　荷电纳米通道内的 Na^+ 自扩散系数

同样地，石墨烯纳米通道表面荷电也会导致 Cl^- 的自扩散系数降低。对比图 3.13 与图 3.4(b) 可知，在荷负电(电荷密度为 $-5\mu C/cm^2$)纳米通道中，Cl^- 的自扩散系数明显降低，并且其下降幅度远小于异性 Na^+。另外，Cl^- 由于没有发生去溶剂化现象，无法进入带负电荷的宽度为 7Å 的纳米通道。在荷正电(电荷密度为 $+5\mu C/cm^2$)纳米通道中，Cl^- 的自扩散系数也低于非荷电体系。此外，在静电吸引力的作用下，作为异性离子的 Cl^- 发生了去水合层作用，进入了 7Å 纳米通道，但其传输行为受到了极大的阻碍，表现为在这一尺寸的通道内离子扩散系数都远小于其他尺寸通道内的结果。

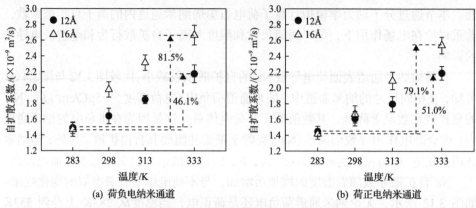

(a) 荷负电纳米通道　　　　　　　(b) 荷正电纳米通道

图 3.13　荷电纳米通道内的 Cl⁻自扩散系数

　　Cl⁻自扩散系数随着温度的升高而增加，表现出与 Na⁺相同的规律。如图 3.13 所示，在纳米通道荷负电或者荷正电的情况下，随着温度的升高，纳米通道尺寸越大，Cl⁻的自扩散系数增大幅度越大。换言之，在荷电的情况下，在尺寸较大的荷电纳米通道中，温度对离子自扩散行为的影响更为显著。

　　不同于阴离子和阳离子，在纳米通道表面荷负电对水分子的自扩散系数影响较小，其随温度变化也呈现出与非荷电类似的变化规律，如图 3.14(a) 所示。对于水分子的扩散而言，荷正电通道表现出与荷负电通道不同的现象。如图 3.14(b) 所示，水分子在荷负电的纳米通道中，自扩散系数明显低于不荷电体系。

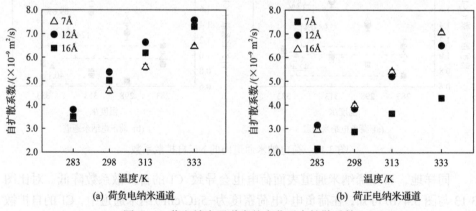

(a) 荷负电纳米通道　　　　　　　(b) 荷正电纳米通道

图 3.14　荷电纳米通道内的水分子自扩散系数

　　上述在纳米通道施加电荷对自扩散系数的影响可以通过离子浓度系数予以解释。如图 3.15 所示，相比于非荷电体系(图 3.5)，在纳米通道施加负电荷后，异性 Na⁺的浓度系数有所增加，说明大量 Na⁺进入到纳米通道内，而同性 Cl⁻的浓度系数减小，说明 Cl⁻被排出纳米通道。纳米通道内 Na⁺浓度的增加，将导致离子间碰撞更为显著，阻碍离子的热运动，进而降低 Na⁺自扩散系数。同时，Na⁺浓度的增加可能会造成 Cl⁻的热运动减慢，导致其较低的自扩散系数。

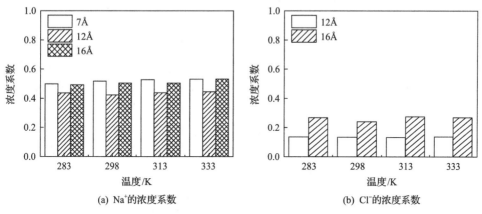

(a) Na⁺的浓度系数　　　　　　　　(b) Cl⁻的浓度系数

图 3.15　荷负电石墨烯纳米通道内的离子浓度系数随温度的变化

以上结果表明，无论纳米通道是否荷电，通道内的离子和水分子的自扩散系数都随着温度的升高而增大，但是两者随着温度增长的幅度不同。离子的活化能可以作为量化自扩散系数的温度敏感性的参数，计算结果如表 3.3 所示。在荷电纳米通道中，离子扩散的活化能随着通道尺寸减小而减小，这表明离子自扩散系数对温度的敏感性随着通道尺寸的减小而减小，与上述结果相吻合。

表 3.3　荷电纳米通道内离子扩散的活化能

	尺寸/Å	活化能/(kJ/mol)	
		Na⁺	Cl⁻
带负电通道	7	5.51	—
	12	8.77	5.97
	16	10.52	9.21
带正电通道	7	N/A	5.46
	12	6.41	8.39
	16	9.35	12.42

自扩散系数是影响超级电容电荷传输阻抗和储能性能的关键因素。在自扩散系数数据的基础上，根据能斯特-爱因斯坦公式，进一步计算了电解液的电导率。电解液的电导率与离子自扩散系数具有以下关系[21]：

$$\sigma = \frac{N_A}{k_B T} \sum_{i=1}^{n} c_i q_i^2 D_i \tag{3.6}$$

式中，σ 为电解液的电导率；N_A 为阿伏伽德罗常数；k_B 为玻尔兹曼常数；T 为热力学温度；下标 i 表示电解液中的第 i 种离子；c_i 为对应的数密度；q_i 为该离子携带的电荷量；D_i 为该种离子的自扩散系数。

　　在同一温度下，纳米通道内电解液的电导率随着通道尺寸的增大而升高。如图 3.16 所示，在环境温度 298K 下，当纳米通道尺寸从 7Å 增加到 16Å，在带负电的受限通道中，电解液的电导率从 $3.49\Omega^{-1}\cdot m^{-1}$ 增加到 $9.246\Omega^{-1}\cdot m^{-1}$，在体相体系将达到 $13.19\Omega^{-1}\cdot m^{-1}$，而在带正电的受限通道中，电解液的电导率从 $2.06\Omega^{-1}\cdot m^{-1}$ 增加到 $9.61\Omega^{-1}\cdot m^{-1}$，在体相体系将达到 $13.19\Omega^{-1}\cdot m^{-1}$。需要指出的是，电导率不仅与离子的自扩散系数有关，还与离子的浓度有关。尽管在石墨烯纳米通道中的离子自扩散系数大于宏观体系，但是离子浓度却小于宏观体系，导致带电石墨烯通道中的电解液电导率小于宏观电解液电导率。

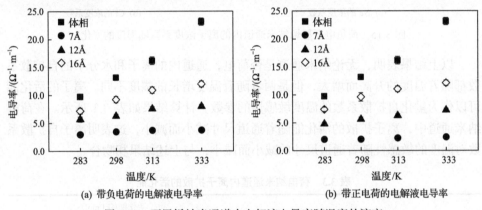

(a) 带负电荷的电解液电导率　　　　　　　(b) 带正电荷的电解液电导率

图 3.16　石墨烯纳米通道内电解液电导率随温度的演变

　　从温度影响的角度看，在尺寸更小的通道中，电解液电导率随温度的变化程度相对更小。例如，当温度从 283K 升高至 333K 时，在带负电荷的宽度为 7Å 的纳米通道中电解液电导率仅提升 26%，小于宽度为 12Å 和 16Å 的纳米通道内电导率的增长幅度。

参 考 文 献

[1] Nielsen J M, Adamson A W, Cobble J W. The self-diffusion coefficients of the ions in aqueous sodium chloride and sodium sulfate at 25°[J]. Journal of the American Chemical Society, 1952, 74(2): 446-451.

[2] Singh M P, Singh R K, Chandra S. Ionic liquids confined in porous matrices: Physicochemical properties and applications[J]. Progress in Materials Science, 2014, 64: 73-120.

[3] Wander M C, Shuford K L. Molecular dynamics study of interfacial confinement effects of aqueous NaCl brines in nanoporous carbon[J]. The Journal of Physical Chemistry C, 2010, 114(48): 20539-20546.

[4] Wander M C, Shuford K L. Electrolyte effects in a model system for mesoporous carbon electrodes[J]. The Journal of Physical Chemistry C, 2011, 115(11): 4904-4908.

[5] Singh R, Monk J, Hung F R. A computational study of the behavior of the ionic liquid [BMIM$^+$][PF$_6^-$] confined inside multiwalled carbon nanotubes[J]. The Journal of Physical Chemistry C, 2010, 114(36): 15478-15485.

[6] Singh R, Monk J, Hung F R. Heterogeneity in the dynamics of the ionic liquid [BMIM$^+$][PF$_6^-$] confined in a slit nanopore[J]. The Journal of Physical Chemistry C, 2011, 115(33): 16544-16554.

[7] Monk J, Singh R, Hung F R. Effects of pore size and pore loading on the properties of ionic liquids confined inside nanoporous CMK-3 carbon materials[J]. The Journal of Physical Chemistry C, 2011, 115(7): 3034-3042.

[8] Essmann U, Perera L, Berkowitz M L, et al. A smooth particle mesh Ewald method[J]. The Journal of Chemical Physics, 1995, 103(19): 8577-8593.

[9] Hoover W G. Canonical dynamics: Equilibrium phase-space distributions[J]. Physical Review A, 1985, 31(3): 1695.

[10] Berendsen H, Grigera J, Straatsma T. The missing term in effective pair potentials[J]. Journal of Physical Chemistry, 1987, 91(24): 6269-6271.

[11] Dang L X. Mechanism and thermodynamics of ion selectivity in aqueous solutions of 18-crown-6 ether: A molecular dynamics study[J]. Journal of the American Chemical Society, 1995, 117(26): 6954-6960.

[12] Cheng A L, Steele W A. Computer-simulation of ammonia on graphite .1. Low-temperature structure of monolayer and bilayer films [J]. Journal of Chemical Physics, 1990, 92(6): 3858-3866.

[13] Tanaka K. Measurements of self-diffusion coefficients of water in pure water and in aqueous electrolyte solutions[J]. Journal of the Chemical Society, Faraday Transactions 1: Physical Chemistry in Condensed Phases, 1975, 71: 1127-1131.

[14] Cussler E L, Cussler E L. Diffusion: Mass Transfer in Fluid Systems[M]. Cambridge: Cambridge University Press, 2009.

[15] Li H, Zeng X C. Wetting and interfacial properties of water nanodroplets in contact with graphene and monolayer boron-nitride sheets[J]. ACS Nano, 2012, 6(3): 2401-2409.

[16] Raj R, Maroo S C, Wang E N. Wettability of graphene[J]. Nano Letters, 2013, 13(4): 1509-1515.

[17] Shih C J, Wang Q H, Lin S, et al. Breakdown in the wetting transparency of graphene[J]. Physical Review Letters, 2012, 109(17): 176101.

[18] Nightingale E R. Phenomenological theory of ion solvation effective radii of hydrated ions[J]. Journal of Physical Chemistry, 1959, 63(9): 1381-1387.

[19] Vatamanu J, Borodin O, Smith G D. Molecular dynamics simulations of atomically flat and nanoporous electrodes with a molten salt electrolyte[J]. Physical Chemistry Chemical Physics, 2010, 12(1): 170-182.

[20] Bo Z, Yang H, Zhang S, et al. Molecular insights into aqueous NaCl electrolytes confined within vertically-oriented graphenes[J]. Scientific Reports, 2015, 5: 14652.

[21] Hansen J P, McDonald I R. Theory of Simple Liquids[M]. Amsterdam: Elsevier, 1990.

第4章 离子输运特性

孔隙结构中的离子输运特性与固液静电吸附储能倍率性能、功率密度和电荷传输阻抗等关键储能指标密切相关。固体多孔介质与电解液工质的匹配设计是降低过程不可逆性和提高储能功率密度的关键，这需要精确描述静电吸附非平衡传递过程，深刻理解微纳/飞秒时空尺度下的离子微观输运特性。在固液静电吸附过程中，离子输运主要通过离子交换、异性离子吸入和同性离子排出三种形式进行，与固体介质的形貌结构紧密关联。在纳米孔隙结构内，空间受限引起的尺度效应和固体介质的表面作用将对离子输运过程产生显著的影响，使得输运机理变得更加复杂。本章通过电化学石英晶体微天平原位检测，系统研究了孔隙形貌和孔隙尺寸对静电吸附过程离子输运机制的影响，结合分子动力学模拟，提出了离子动力学性能主导的纳米孔隙结构固液静电吸附储能机制，并予以实验验证。

4.1 电化学石英晶体微天平测试方法

本节介绍电化学石英晶体微天平的基本原理和测试方法。电化学石英晶体微天平基于压电效应，可以检测固体介质表面原子级别质量变化。通过实时检测固液静电吸附过程中固体介质的质量变化，结合离子的摩尔质量，进而获得充放电过程电解液离子的输运规律。

选用上海辰华仪器有限公司和美国 CH Instruments 公司联合开发的电化学石英晶体微天平，型号为 CHI 440，采用了 AT 型石英晶体芯片，基准频率为 8.0MHz。石英晶体芯片上下表面镀有金电极用于电化学测试，其质量负载范围为 $25\sim50\mu g/cm^2$，质量精度 $<0.5ng/cm^2$。

为了研究固体介质孔隙形貌和尺寸对离子输运特性的影响，装配了石墨烯(典型孔隙为狭缝孔)和活性炭(典型孔隙为圆柱孔)两种测试电极，并将其转移到石英晶体芯片上。制备过程阐述如下：对于石墨烯电极，将适当尺寸(如 3mm×3mm)的石墨烯薄膜从 Li_2SO_4 溶液中转移至石英晶体芯片金电极的中央区域，用试纸小心除去石墨烯薄膜表面的液体，并将其置于 60℃的真空干燥箱干燥 12h，由此所得的石墨烯薄膜与石英晶体芯片表面紧密接触(图 4.1)；对于活性炭而言，通常将活性炭与聚偏氟乙烯按质量比 9∶1 混合，并加入一定量的 N-甲基-2-吡咯烷酮制备获得浆料，然后将浆料均匀地涂覆在石英晶体芯片金电极表面，并在 60℃真空干燥箱内干燥 12h[1]。上述电极制备过程，可满足石英晶体微天平测试中对刚性样品的要求，确保了测试结果的可靠性[1, 2]。

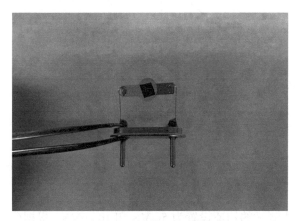

图 4.1 负载石墨烯薄膜的石英晶体芯片

将承载了固体介质的石英晶体芯片作为工作电极，置于三电极电化学池中。选取铂丝 (Pt) 和银/氯化银 (Ag/AgCl) 电极分别作为对电极和参比电极。采用循环伏安方法进行充放电测试。测试过程中同时记录电流 (I) 大小与石英晶体芯片的频率变化 (Δf)。通过 Sauerbrey 方程，将测试所得的频率变化 (Δf) 转换成储能材料的质量变化 (Δm)[3]：

$$\Delta m = -\frac{A \times \sqrt{\mu_q \rho_q}}{2 f_0^2} \times \Delta f = -C_f \times \Delta f \tag{4.1}$$

式中，f_0 为石英晶体的基准频率 (8.0MHz)；A 为有效压电面积 (0.196cm^2)；ρ_q 为石英晶体的密度 (2.684g/cm^3)；μ_q 为石英晶体的切变模量 $[2.947 \times 10^{11} \text{g}/(\text{cm} \cdot \text{s}^2)]$；$C_f$ 为石英晶体微天平的质量灵敏度，对于某一特定的石英晶体其质量灵敏度是一常数。

在开展离子传输性能检测前，需要校验石英晶体微天平在承载固体介质后的质量灵敏度是否发生偏移。将无载物的石英晶体芯片置于浓度为 0.01mol/L CuSO$_4$ 和 0.1mol/L Li$_2$SO$_4$ 混合溶液中，以 Ag/AgCl 电极为参比电极，铂丝为对电极。通过计时电位方法在石英晶体芯片表面进行电镀铜实验，电流密度设置为 –0.25mA/cm^2。如图 4.2(a) 所示，假设法拉第效率为 100%，通过法拉第定律计算铜的沉积质量，从而得到沉积质量与频率变化曲线。根据响应曲线的斜率，可以计算无载物条件下，石英晶体芯片的质量灵敏度为 1.37ng/Hz。图 4.2(b) 则显示了载有石墨烯薄膜的石英晶体芯片的响应曲线，计算可知其质量灵敏度为 1.43ng/Hz。上述结果与石英晶体微天平的理论设定值相吻合。

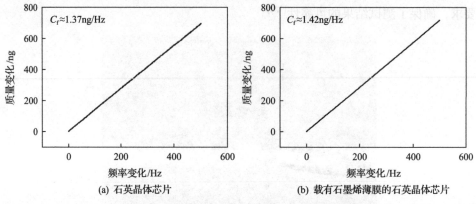

(a) 石英晶体芯片　　　　　　　(b) 载有石墨烯薄膜的石英晶体芯片

图 4.2　石英晶体微天平的质量-频率响应曲线

循环伏安方法测试的扫速设置为 5mV/s 和 100mV/s。根据公式 $dC/dV = 0$，从循环伏安曲线可确定电极表面零电荷电势 (potential of zero charge，PZC) [1, 2, 4, 5]。存储电荷量可通过式 (4.2) 计算：

$$\Delta Q = \int I \times dt \tag{4.2}$$

式中，I 为电流；dt 为时间间隔。储能材料质量随存储电荷量变化的理论曲线通过式 (4.3) 计算：

$$\Delta m = \frac{\Delta Q \times M}{F \times z} \tag{4.3}$$

式中，Δm 为理论质量变化；ΔQ 为电极存储电荷量；M 为相应离子的摩尔质量；F 为法拉第常数 (96485C/mol)；z 为相应离子的化合价。

4.2　孔隙形貌对离子输运特性的影响

固体介质的孔隙形貌是影响离子输运特性的重要因素。本节选择了传统活性炭为典型代表的圆柱孔和石墨烯为代表的二维狭缝孔，综合研究了这两种常见的孔隙形貌对离子输运特性的影响。

所选取的商用活性炭具有丰富的纳米级圆柱孔。如图 4.3 (a) 的扫描电子显微镜图所示，活性炭的微观孔道呈现出弯曲、不规则的形貌。通过氮气吸附法测试活性炭的比表面积约为 1520.4m²/g。通过淬火固体密度泛函理论 (quenched solid density functional theory) 计算活性炭的孔径分布。如图 4.3 (b) 所示，活性炭的孔径分布呈双峰结构，其中一个较强的峰位于 1～2nm，另外一个较弱的峰位于 3.5～4.2nm，平均孔径计算为 1.13nm。

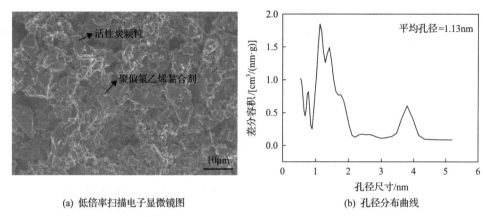

(a) 低倍率扫描电子显微镜图　　　　(b) 孔径分布曲线

图 4.3　活性炭的形貌与孔隙结构表征

首先确定了圆柱孔活性炭电极的表面零电荷电势。开展循环伏安曲线电化学测试,采用浓度为 1mol/L Li$_2$SO$_4$ 电解液,电压扫速为 5mV/s。当固体介质表面不荷电时,循环伏安曲线应满足 $dC/dV = 0$,由此可得活性炭在不荷电状态下,表面电势为 0.061V。根据表面零电荷电势、循环伏安曲线及石英晶体芯片谐振频率,可获得活性炭在静电吸附过程中的质量变化。

圆柱孔活性炭静电吸附过程中离子输运机制可分为三个阶段。如图 4.4(b)所示,当活性炭表面电势较低时,质量增加较小,表明静电吸附过程以 Li$^+$ 和 SO$_4^{2-}$ 的交换为主;当活性炭表面负电势较高时质量线性增加,表明静电吸附过程以吸附 Li$^+$ 离子为主;当活性炭表面正电势较高时质量同样线性增加,表明静电吸附过程以吸附 SO$_4^{2-}$ 为主。

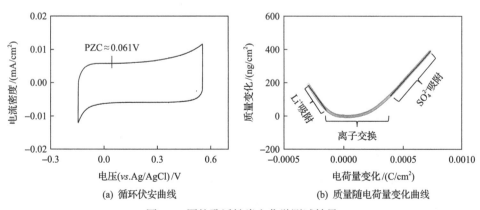

(a) 循环伏安曲线　　　　(b) 质量随电荷量变化曲线

图 4.4　圆柱孔活性炭电化学测试结果

在水系电解液中,电解液离子周围会被水分子包裹,形成一层水合层,离子的水合层与储能过程中离子的传输行为密切相关[6]。为了揭示静电吸附过程中离子的水合状态，量化计算了离子的水合数，结果表明 Li_2SO_4 电解液在进入圆柱孔活性炭时能保持较完整的水合结构。根据质量变化曲线，可计算阴离子和阳离子的水合数[4, 5]：

$$n = \frac{(\Delta m \times F \times z)\,/\,\Delta Q - M_{ion}}{M_{H_2O}} \qquad (4.4)$$

式中，n 为离子的水合数；Δm 为储能材料的质量变化；F 为法拉第常数（96485C/mol）；z 为离子的化合价；ΔQ 为电极存储的电荷量；M_{ion} 和 M_{H_2O} 分别为离子和水分子的摩尔质量。Li^+ 和 SO_4^{2-} 在活性炭圆柱孔内水合数分别为 5.2 和 3.1。该数值与体相电解液中的结果相接近，这表明 Li^+ 和 SO_4^{2-} 在进入圆柱孔活性炭时没有发生明显的去溶剂化现象。这是由于水合 Li^+ 和水合 SO_4^{2-} 的直径（分别为 0.482nm 和 0.546nm）约为活性炭圆柱孔平均孔径的二分之一，不需要脱去水合层就可以进入孔道内部[7]。

选择与活性炭孔隙尺寸相接近的二维纳米狭缝孔，开展电化学石英晶体微天平检测，以揭示孔隙形貌对离子输运的影响机制。石墨烯狭缝孔的平均层间距为 1.07nm，同样采用浓度为 1mol/L 的 Li_2SO_4 电解液进行循环伏安测试。如图 4.5(a) 所示，石墨烯薄膜在不荷电状态下，表面电势为 0.181V。随后结合循环伏安曲线和石英晶体谐振频率，计算得到石墨烯薄膜质量随存储电荷量的变化曲线。

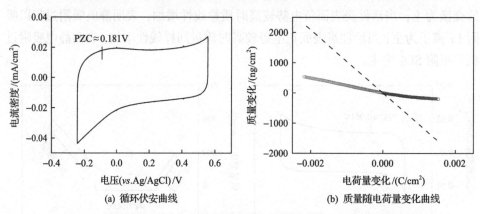

(a) 循环伏安曲线　　　　　　　　(b) 质量随电荷量变化曲线

图 4.5　扫速为 5mV/s 的二维纳米狭缝孔石墨烯薄膜的电化学测试结果

石墨烯二维狭缝孔静电吸附过程中离子输运特性不同于活性炭的圆柱孔。如图 4.5(b) 所示，当石墨烯薄膜存储负电荷时，其质量随着电荷量的增加而增加。这与在活性炭中所观察到的现象相近，说明石墨烯薄膜负极静电吸附过程主要是通过吸附 Li^+ 完成。但是，当石墨烯薄膜存储正电荷时，其质量随着电荷量的增加而减小，表明正极静电吸附过程中有大量 Li^+ 从石墨烯薄膜中脱附，这不同于活性炭中所观察到的现象。

石墨烯二维狭缝孔静电吸附过程中离子的水合状态与活性炭类似。考虑到活性炭和石墨烯薄膜具有相接近的孔隙尺寸($\sim$1nm)，Li_2SO_4 电解液在静电吸附过程中具有类似的水合结构，即 Li^+ 和 SO_4^{2-} 的水合数分别为 5.2 和 3.1。石墨烯薄膜质量随存储电荷量变化的理论曲线应如图 4.5(b) 中的虚线所示，该理论曲线的斜率比实验检测质量变化曲线的斜率更大，表明静电吸附过程中依旧存在 SO_4^{2-} 的传输，但是所占比例较小，因此上述结果表明 Li^+ 的输运主导了静电吸附过程。另外，石墨烯薄膜质量变化曲线的线性程度较好，说明在整个电势范围内静电吸附过程都是以 Li^+ 主导的输运过程。

造成石墨烯薄膜狭缝孔和活性炭圆柱孔静电吸附过程中离子输运机制不同的原因主要可以归结为两个方面：孔隙结构内电解液的初始状态不同和离子输运速率差异。

一方面，石墨烯薄膜的二维狭缝孔有利于电解液离子(特别是 Li^+)的预浸润，为后续 Li^+ 的快速输运提供了先决条件。离子在表面电荷为零的条件下也可以进入固体介质的孔隙中，该现象被称为电解液的预浸润行为[8, 9]。根据 X 射线光电子能谱分析可知(图 4.15)，石墨烯薄膜表面具有电负性的含氧官能团(如—C≡O)，其表面零电荷电势(0.181V)比活性炭(0.061V)大，说明静电吸附过程初始状态有更多的 Li^+ 可以进入石墨烯薄膜内部。

另一方面，相比于活性炭，离子在石墨烯薄膜内具有较高的传输速率，也导致了静电吸附过程中输运特性的差异。如图 4.6(a) 所示，活性炭内部具有复杂、曲折和无规则的孔隙结构，显著增长了离子的传输路径，与此同时，离子与固体介质壁面之间的碰撞也更为剧烈，根据文献报道结果，这将导致离子在活性炭内部的自扩散速率比体相电解液中小两个数量级[10]。如图 4.6(b) 所示，石墨烯薄膜

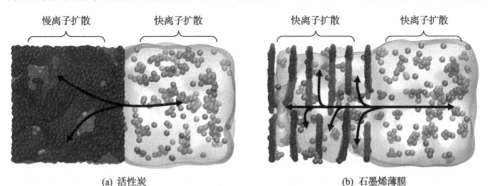

(a) 活性炭　　　　　　　　　　　　　(b) 石墨烯薄膜

图 4.6　固体介质静电吸附过程中离子输运机制示意图

则具有相对均一、通畅的二维纳米通道，有效缩短了离子输运路径，降低了离子与固体壁面的碰撞，使离子在石墨烯狭缝孔中具有较高的传输速率。

分析表明，Li^+在石墨烯薄膜狭缝孔中的预浸润行为和较高的传输速率是导致其主导静电吸附过程的主要原因。对于活性炭圆柱孔，其孔道内离子传输速率显著低于体相溶液，在静电作用下，正极和负极都将以离子吸附为主导，与传统观点相一致。由此进一步可推测，离子自身的动力学性质对石墨烯二维狭缝孔静电吸附过程中离子输运机制起到至关重要的作用。

在固液静电吸附过程中，石英晶体芯片谐振频率变化的滞后现象进一步验证了上述结论。如图 4.7 所示，对于活性炭静电吸附，石英晶体芯片在充电和放电过程中的谐振频率变化没有完全重合，存在较为明显的滞后现象，说明活性炭弯曲、无规则的孔隙结构阻碍了离子的输运。但是对于石墨烯薄膜，石英晶体芯片的谐振频率响应并不存在滞后现象，说明其内部均匀的二维层状通道有利于离子输运。

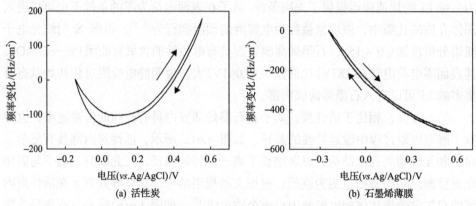

(a) 活性炭 (b) 石墨烯薄膜

图 4.7 负载固体介质的石英晶体芯片在循环伏安测试过程中的频率变化

4.3 孔隙尺寸对离子输运特性的影响

固体介质的孔隙尺寸是影响离子输运特性的另一关键因素。本节利用电化学石英晶体微天平检测离子在不同尺寸石墨烯孔隙内的输运规律，以研究固体介质孔隙尺寸对离子微观输运特性的影响。

通过层间嵌入间隔物的方法调控孔隙尺寸，通过在石墨烯层间添加非挥发性物质（选择 Li_2SO_4）调控石墨烯薄膜平均层间距，该方法可以将石墨烯的层间距控制在亚纳米到十几纳米的范围内，具体制备流程如下[11]。

首先是制备石墨烯溶液。取 1g 未剥离的氧化石墨烯糊状物溶解在 25mL 去离子水中获得氧化石墨烯的水溶液。随后使用磁力搅拌器在 400r/min 的转速下将上述溶液搅拌 12h。搅拌完成后再将其置于超声池中超声 30min。然后将所获得的溶液放入离心管，使用离心机在 3500r/min 的转速下离心处理 10min，使溶液中未剥离的氧化石墨烯沉淀下来。离心结束后小心地倒出上清液。该上清液即为完全剥离的氧化石墨烯水溶液，浓度为 2mg/mL。如图 4.8 所示，对所获的氧化石墨烯溶液进一步稀释至 0.1mg/mL。随后对氧化石墨烯溶液进行还原得到均一稳定的石墨烯溶液。如图 4.9 所示，取 50mL 浓度为 0.1mg/mL 的氧化石墨烯溶液，加入 10μL 水合肼（$N_2H_4 \cdot H_2O$，质量分数为 35%）和 175μL 氨水（$NH_3 \cdot H_2O$，质量分数为 28%），在 90℃水浴条件下反应 2h，最终获得稳定均一的石墨烯溶液。

图 4.8　氧化石墨烯水溶液

图 4.9　石墨烯溶液

通过真空抽滤石墨烯溶液的方法制备石墨烯薄膜。取 5mL 石墨烯溶液和 5mL 去离子水置于玻璃容器中并混合均匀。随后利用真空抽滤装置将上述溶液抽滤成薄膜，其中滤膜使用的是平均孔径为 0.05μm 的混合纤维素酯滤膜。当抽滤进行到无流动液体时，加入 10mL 去离子水以除去残留在石墨烯层间的水合肼和氨水。再当抽滤进行到无流动液体时，加入 10mL 一定浓度的 Li_2SO_4 溶液，使其进入到石墨烯层间。最后，当抽滤再次进行到无流动液体时，立刻停止抽滤取下滤膜，并将石墨烯薄膜缓慢地从滤膜上剥离下来，放置于相应浓度的 Li_2SO_4 溶液中超过 24h，使石墨烯中的 Li_2SO_4 分布均匀（图 4.10）。

通过控制 Li_2SO_4 的浓度来调节其进入石墨烯薄膜层间的数量，进而调控石墨烯孔隙尺寸。选取 5 个不同浓度，分别为 0mol/L、0.05mol/L、0.1mol/L、0.25mol/L 和 0.5mol/L。对石墨烯薄膜的截面进行扫描电子显微镜分析。如图 4.11 所示，石墨烯薄膜具有典型的二维层状结构。并且通过能量色散 X 射线谱可以发现 Li_2SO_4 在石墨烯薄膜层间分布均匀（图 4.12）。

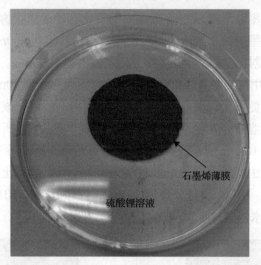

图 4.10　浸没在 Li$_2$SO$_4$ 电解液中的石墨烯薄膜

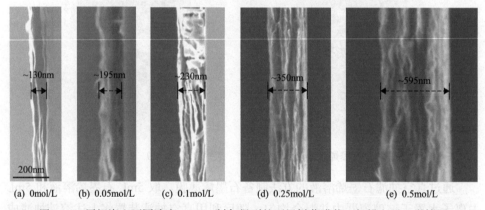

(a) 0mol/L　(b) 0.05mol/L　(c) 0.1mol/L　(d) 0.25mol/L　(e) 0.5mol/L

图 4.11　层间嵌入不同浓度 Li$_2$SO$_4$ 制备得到的石墨烯薄膜截面扫描电子显微镜图

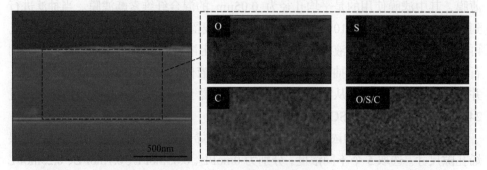

图 4.12　层间嵌入 0.5mol/L Li$_2$SO$_4$ 溶液的石墨烯薄膜截面扫描电子显微镜图及
能量色散 X 射线谱图

层间嵌入了不同数量(浓度)的 Li_2SO_4,使得石墨烯薄膜的层间距不同,在扫描电子显微镜图上表现为厚度不同(图 4.11)。通过石墨烯薄膜的厚度和面积质量密度可以计算得到平均层间距[9, 11]。具体计算公式为

$$d = \frac{l}{M / m} \tag{4.5}$$

式中,d 为石墨烯薄膜的平均层间距;l 为石墨烯薄膜的厚度;m 为单层石墨烯的单位面积质量;M 为单位面积石墨烯薄膜的质量。石墨烯薄膜的厚度通过截面扫描电子显微镜图获得,面积质量密度(不包括 Li_2SO_4 的质量)约为 $30\mu g/cm^2$,单层石墨烯的面积质量密度为 $0.77mg/m^2$。

如图 4.13 所示,当间隔物 Li_2SO_4 的浓度为 0mol/L、0.05mol/L、0.1mol/L、0.25mol/L 和 0.5mol/L 时,石墨烯的平均层间距分别为 0.40nm、0.60nm、0.71nm、1.07nm 和 1.84nm。

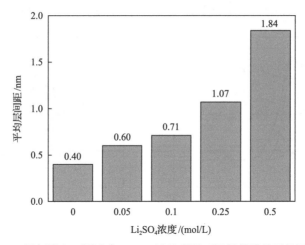

图 4.13 层间嵌入不同浓度 Li_2SO_4 溶液所得石墨烯薄膜的平均层间距

为了确认 Li_2SO_4 已被均匀地嵌入石墨烯薄膜的层间,进一步进行了 X 射线光电子能谱分析。如图 4.14 所示,在结合能为 169eV 处存在 S 2p 峰,表明 Li_2SO_4 已成功进入石墨烯薄膜层间。并且 S 2p 峰的强度随着 Li_2SO_4 浓度的增加而增强,这说明使用高浓度溶液能够使更多数量 Li_2SO_4 进入石墨烯薄膜层间,相应的石墨烯薄膜则具有更大的层间距,与上述截面扫描电子显微镜图分析相吻合。

此外,X 射线光电子能谱 O 1s 分谱也能验证上述结论。如图 4.15 所示,将 O 1s 分谱分成氧碳双键(O=C,结合能为 531.8eV)、氧碳单键(O—C,结合能为 532.9eV)、醌(结合能为 530.7eV)和 Li_2SO_4 中的硫氧双键(O=S,结合能为 532.2eV)四个峰[12]。通过各个峰的面积计算出 O=S 键的含量,发现间隔物 Li_2SO_4 的浓度越高,O=S 键的含量也越高[图 4.15(f)],这与 S 2p 分谱结果相吻合。

到固相嵌入了不同浓度(值度)的 Li_2SO_4。地将石墨烯薄膜的信自间距不同，在于层间于无限空间和没入了浓度不同(值)、可在石墨烯薄膜层间区和固相有固量含是可以计算出来上加固相片，应该于硫含含来之次。

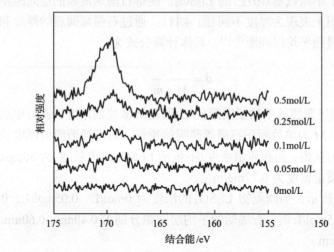

图 4.14 层间嵌入不同浓度 Li_2SO_4 溶液所得石墨烯薄膜的 X 射线光电子能谱 S 2p 分谱

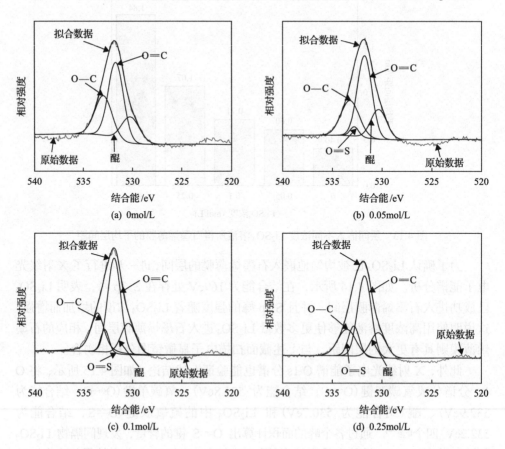

(a) 0mol/L

(b) 0.05mol/L

(c) 0.1mol/L

(d) 0.25mol/L

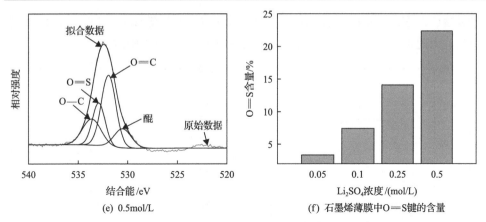

图 4.15　层间嵌入不同浓度的 Li_2SO_4 溶液石墨烯薄膜的 X 射线光电子
能谱 O 1s 分谱和薄膜中 O=S 键的含量

基于所得不同孔隙尺寸的石墨烯薄膜，开展循环伏安和石英晶体微天平检测。层间距为 0.40nm 石墨烯薄膜的循环伏安曲线以及石墨烯薄膜质量随存储电荷量的变化曲线，如图 4.16 所示。结果表明，石墨烯薄膜的循环伏安曲线在正电势范围明显偏离了矩形，说明静电吸附储能性能较差。主要原因是该石墨烯薄膜的层间距小于 SO_4^{2-} 的裸离子直径(0.46nm)，使得 SO_4^{2-} 无法进入石墨烯薄膜[7]。因此，静电吸附过程主要通过 Li^+ 的传输实现。另外，Li^+ 在层间距为 0.40nm 石墨烯薄膜内水合数为 1.4，显著小于体相电解液，这说明 Li^+ 在进入如此小层间距的二维通道时，由于空间位阻和强烈的静电作用，脱去了周围部分水合层[13, 14]。

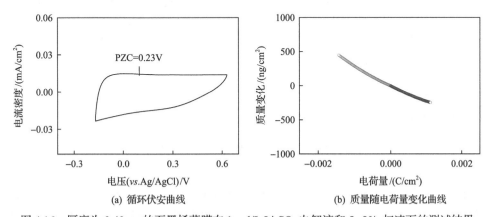

图 4.16　厚度为 0.40nm 的石墨烯薄膜在 1mol/L Li_2SO_4 电解液和 5mV/s 扫速下的测试结果

当石墨烯薄膜的平均层间距增大至 0.60nm 和 0.71nm 时，循环伏安曲线均比较接近矩形，表现为较好的电容行为[图 4.17(a)和图 4.18(a)]。由相应的石墨烯薄膜质量随存储电荷变化曲线[图 4.17(b)和图 4.18(b)]可知，当其存储负电荷时质量增加，说明大量 Li$^+$发生吸附；当其存储正电荷时质量减小，说明大量 Li$^+$发生脱附。由此可得，Li$^+$的输运过程主导了石墨烯薄膜静电吸附过程。

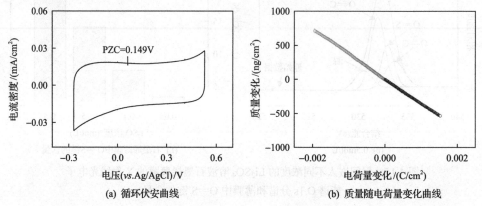

(a) 循环伏安曲线　　　　　　　　　　　(b) 质量随电荷量变化曲线

图 4.17　厚度为 0.60nm 的石墨烯薄膜在 1mol/L Li$_2$SO$_4$ 电解液和 5mV/s 扫速下的测试结果

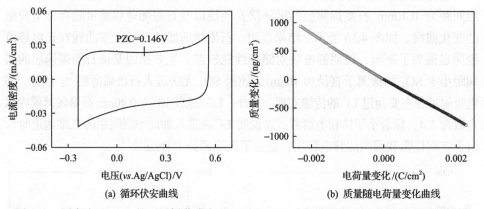

(a) 循环伏安曲线　　　　　　　　　　　(b) 质量随电荷量变化曲线

图 4.18　厚度为 0.71nm 的石墨烯薄膜在 1mol/L Li$_2$SO$_4$ 电解液和 5mV/s 扫速下的测试结果

　　为了更好地定量比较不同石墨烯薄膜静电吸附过程中的质量变化，进一步计算了表观摩尔质量(M_a)[15]，定义为

$$M_a = \frac{\Delta m}{\Delta Q} \times F \tag{4.6}$$

式中，Δm 为实验检测的质量变化；ΔQ 为充电过程中电极存储的电荷量；F 为法拉第常数(96485C/mol)。它能够定量比较不同石墨烯薄膜质量随存储电荷量变化曲线斜率的大小。根据上述公式，层间距 0.60nm 的石墨烯薄膜静电吸附过程中表观摩尔质量为 37.8g/(mol·C)(负极)和−33.9g/(mol·C)(正极)，层间距 0.71nm 的石墨烯薄膜静电吸附过程中表观摩尔质量为 39.9g/(mol·C)(负极)和−34.7g/(mol·C)

（正极）。它们表观摩尔质量的绝对值均大于层间距 1.07nm 的石墨烯薄膜[负极为 24.1g/(mol·C)，正极为-20.6～-10.2g/(mol·C)]。这说明静电吸附过程中有更多的 Li^+ 进入/离开上述石墨烯薄膜，即 Li^+ 的主导作用更为显著。

但是，当石墨烯薄膜的平均层间距进一步增大至 1.84nm 时（图 4.19），其表观摩尔质量的绝对值显著减小[负极为 19.7g/(mol·C)，正极为-14.5～-3.4g/(mol·C)]。这说明参与离子交换的 SO_4^{2-} 比例显著增加，而 Li^+ 的主导作用则相应变弱。

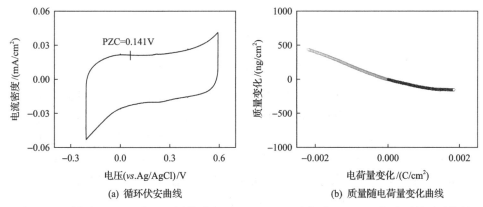

(a) 循环伏安曲线　　　　(b) 质量随电荷量变化曲线

图 4.19　厚度为 1.84nm 的石墨烯薄膜在 1mol/L Li_2SO_4 电解液和 5mV/s 扫速下的测试结果

需要指出的是，在层间距 1.07nm 和 1.84nm 石墨烯薄膜中，正极充电过程中的表观摩尔质量是一个变化的值[图 4.5(b) 和图 4.19(b)]。这可能是由于，在静电吸附储能过程中，石墨烯薄膜内 Li^+ 浓度的减小造成其通量的减小，从而使离子交换过程中 SO_4^{2-} 的占比增加[16, 17]。因此，综上所述，石墨烯薄膜的孔隙尺寸对静电吸附过程中离子输运机制有显著影响。

4.4　离子动力学特性与离子输运的关联机制

石墨烯薄膜静电吸附过程中离子输运机制与其自身动力学性质密切相关。为了解释上述石英晶体微天平检测结果，本节通过分子动力学模拟，分析了 Li^+ 和 SO_4^{2-} 在不同孔隙尺寸石墨烯通道内的自扩散系数，以解释离子输运特性与孔隙尺寸的关联机制。

构建了如图 4.20 所示分子动力学模拟模型，由左右两侧的体相电解液和中间的石墨烯纳米通道组成。将石墨烯纳米通道的层间距分别设置为 0.40nm、0.60nm、0.71nm、1.07nm 和 1.84nm，纳米通道的长度设定为 10nm。

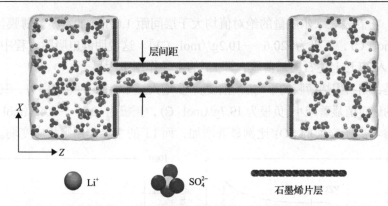

图 4.20　石墨烯纳米通道分子动力学模拟模型

在分子动力学模拟过程中，忽略了电解液离子和溶剂分子的键伸缩能和角弯曲能，仅考虑静电作用力和范德瓦耳斯作用力，石墨烯纳米通道中碳原子保持刚性，且固定不动。在 X、Y 和 Z 方向上设置三维周期性边界条件。石墨烯纳米通道的势函数参数来自 Cheng 等[18]的工作，电解液 Li_2SO_4 的势函数参数来自 Pluharova 等[19]的工作。水分子采用 SPC/E 模型，并使用 SHAKE 算法对其键长和键角进行固定[20, 21]。具体势函数参数详见表 4.1。

表 4.1　分子动力学模拟体系原子、离子和分子的势函数参数

类型	电荷量/e	M /(g/mol)	ε /(kcal/mol)	σ / Å
C	0	12.01	0.0556	3.4
Li^+	0.75	6.941	0.018277	1.8
$S(SO_4^{2-})$	1.5	32.064999	0.25	3.55
$O(SO_4^{2-})$	−0.75	15.9994	0.2	3.15
$H(H_2O)$	0.4238	1.00794	0	0
$O(H_2O)$	−0.8476	15.9994	0.1553	3.166
K^+	0.75	39.0983	0.1	3.332
Cl^-	−0.75	35.452999	0.117782	4.100
Ca^{2+}	1.5	40.077999	0.121224	2.666

Li^+ 和 SO_4^{2-} 在不同孔隙尺寸石墨烯纳米通道内自扩散系数很好地解释了电化学石英晶体微天平检测结果。如图 4.21 所示，Li^+ 和 SO_4^{2-} 在体相电解液中的自扩散系数相近。在层间距为 0.40nm 石墨烯纳米通道，Li^+ 的自扩散系数比在体相电解液中更高，但是 SO_4^{2-} 离子由于空间位阻的影响，其自扩散系数小于体相电解液，这将导致静电吸附过程主要通过 Li^+ 输运完成。当层间距增加至 0.60nm 和 0.71nm 时，虽然 SO_4^{2-} 在二维通道内的自扩散系数明显增大，但是仍显著小于 Li^+，这也

相应地导致石墨烯薄膜静电吸附过程中依旧以 Li^+ 输运为主。当层间距进一步增加
至 1.07nm 和 1.84nm 时，Li^+ 和 SO_4^{2-} 在石墨烯纳米通道内自扩散系数差异性减小，
所以静电吸附过程主要通过 Li^+ 和 SO_4^{2-} 的交换实现。上述结果证实了石墨烯二维
狭缝孔隙内离子动力学性能主导的静电吸附输运机理。

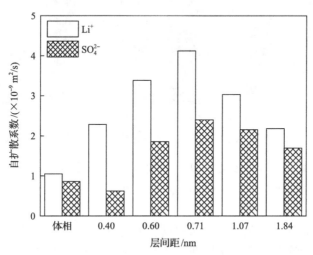

图 4.21　Li^+ 和 SO_4^{2-} 在体相电解液和不同层间距石墨烯纳米通道内的自扩散系数

　　另外，Li^+ 在石墨烯纳米通道内的自扩散系数始终高于体相电解液，这表明
Li^+ 在石墨烯纳米通道内存在自扩散增强现象。当石墨烯层间距为 0.71nm 时，Li^+
的自扩散系数达到最大值，主要是由以下原因所造成的。首先，离子与所处周围
环境之间存在复杂的相互作用，包括离子-溶剂、离子-离子和离子-电极相互作用
等。当 Li^+ 进入层间距小于 1nm 的石墨烯纳米通道内时，空间位阻和静电作用使
得 Li^+ 脱去部分水合层，导致其尺寸减小和动力学性能提升。其次，合适的层间距
会使 Li^+ 在纳米通道内出现"悬浮效应"[22]。Li^+ 周围环境对其在垂直于石墨烯纳
米通道方向的作用力将相互抵消，使得 Li^+ 像磁悬浮列车一样"悬浮"在纳米通道
内，传输过程所受的阻力明显减小。但是，随着石墨烯纳米通道的层间距进一步
减小，会造成 Li^+ 所受到的空间位阻急剧增加，降低传输速率。

　　为验证所得离子动力学性能主导的静电吸附输运机理，针对不同类型电解液
离子和不同孔隙尺寸石墨烯体系开展了石英晶体微天平检测。选取了典型的水系
电解液，包括 K_2SO_4、KCl、LiCl 和 $CaCl_2$ 电解液。为了确保研究体系在储能过程
存在单一阴离子和阳离子对，通过在石墨烯层间嵌入相应的电解液调控其孔隙尺
寸，即分别将 0.25mol/L K_2SO_4、0.5mol/L KCl、0.5mol/L LiCl 和 0.25mol/L $CaCl_2$
嵌入到石墨烯层间，实现调控层间距目的。如图 4.22 所示，通过扫描电子显微镜

表征，相应石墨烯薄膜的层间距分别为 1.07nm、1.02nm、1.01nm 和 1.07nm。

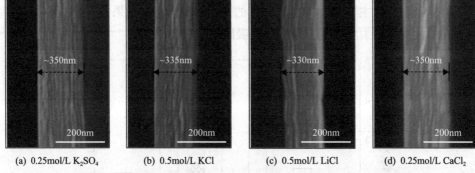

(a) 0.25mol/L K$_2$SO$_4$　　(b) 0.5mol/L KCl　　(c) 0.5mol/L LiCl　　(d) 0.25mol/L CaCl$_2$

图 4.22　层间嵌入不同电解液石墨烯薄膜的截面扫描电子显微镜图

针对上述体系同样开展分子动力学模拟，计算其相应的自扩散系数。具体的分子动力学模拟计算方法与 Li$_2$SO$_4$ 体系一致，不同电解液离子的势函数参数见表 4.2[19, 23-26]。

循环伏安测试、石英晶体微天平检测和分子动力学模拟结果再次证实了离子动力学性能和静电吸附储能机理的关联。图 4.23 与图 4.24 分别表示 K$_2$SO$_4$ 和 KCl 电解液体系的实验检测和模拟结果。当石墨烯薄膜存储负电荷时质量增加，存储正电荷时质量减小，表明 K$^+$ 的传输主导了静电吸附过程。由于所用石墨烯薄膜的层间距大于 1nm，因此认为 K$^+$ 在进入石墨烯薄膜时去溶剂化现象不显著，水合数与在体相电解液中相近，均为 2.6[7]。由此可以得到负极吸附水合 K$^+$ 和正极脱附水合 K$^+$ 时石墨烯薄膜质量随存储电荷量变化的理论曲线（见图中的虚线）。

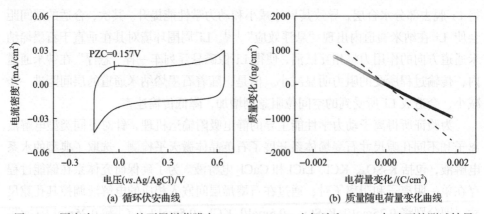

(a) 循环伏安曲线　　　　　　　　　　(b) 质量随电荷量变化曲线

图 4.23　厚度为 1.07nm 的石墨烯薄膜在 0.5mol/L K$_2$SO$_4$ 电解液和 5mV/s 扫速下的测试结果

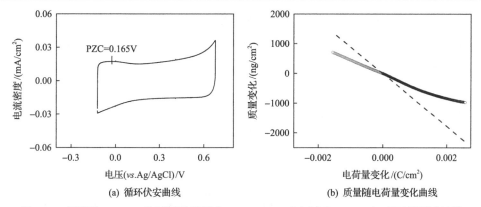

(a) 循环伏安曲线   (b) 质量随电荷量变化曲线

图 4.24 厚度为 1.02nm 的石墨烯薄膜在 1mol/L KCl 电解液和 5mV/s 扫速下的测试结果

通过对比发现，上述理论曲线的斜率要略高于实验所得曲线，从而说明仍有少量 SO_4^{2-} 或 Cl^- 参与了静电吸附过程，即相应的离子输运机制是以 K^+ 为主导的静电吸附。通过分子动力学模拟计算，石墨烯纳米通道内 K^+ 的自扩散系数要明显大于 SO_4^{2-} 和 Cl^-，如图 4.25 所示，再次证实阴离子和阳离子自扩散系数的差异是造成上述离子输运机制的内在因素。

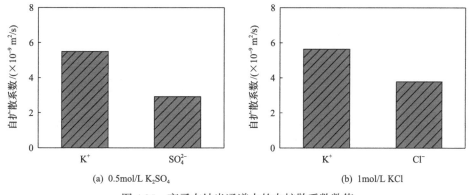

(a) 0.5mol/L K_2SO_4 (b) 1mol/L KCl

图 4.25 离子在纳米通道内的自扩散系数数值

在 LiCl 和 $CaCl_2$ 电解液体系观测到相反的变化趋势。如图 4.26 和图 4.27 所示，当石墨烯薄膜存储负电荷时质量减小，存储正电荷时质量增加。类似地，由于石墨烯薄膜平均层间距大于 1nm，因此 Cl^- 在其内部水合数和体相电解液中相同，均为 2.0[7]。由此得到，负极脱附水合 Cl^- 和正极吸附水合 Cl^- 时石墨烯薄膜质量随存储电荷变化理论曲线（见图 4.26 和图 4.27 中虚线）。

在 LiCl 电解液体系中，实验观察到的石墨烯薄膜质量变化曲线与理论曲线差异很大。这是由于石墨烯纳米通道内 Cl^- 的自扩散系数和 Li^+ 相近，静电吸附过程以离子交换为主导，如图 4.28 (a) 所示。而在 $CaCl_2$ 电解液体系中，实验观察到的石墨烯薄膜质量变化曲线与理论曲线差异较小（尤其是当电极存储电荷量较低时），说明静电吸附过程中负极以 Cl⁻ 脱附为主，正极以 Cl⁻ 吸附为主，原因在于石墨烯纳米通道内 Cl⁻ 的自扩散系数要明显大于 Ca^{2+}，如图 4.28(b) 所示。

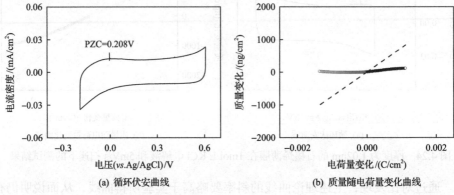

(a) 循环伏安曲线　　　　　　　　　　　(b) 质量随电荷量变化曲线

图 4.26　厚度为 1.01nm 的石墨烯薄膜在 1mol/L LiCl 电解液和 5mV/s 扫速下的测试结果

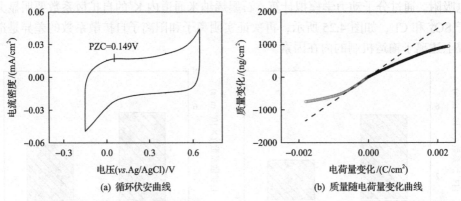

(a) 循环伏安曲线　　　　　　　　　　　(b) 质量随电荷量变化曲线

图 4.27　厚度为 1.07nm 的石墨烯薄膜在 1mol/L CaCl₂ 电解液和 5mV/s 扫速下的测试结果

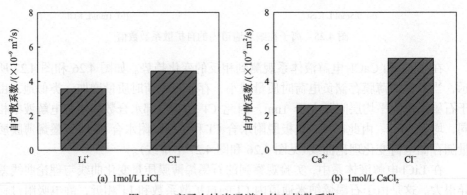

(a) 1mol/L LiCl　　　　　　　　　　　　(b) 1mol/L CaCl₂

图 4.28　离子在纳米通道内的自扩散系数

因此，石墨烯薄膜静电吸附过程中离子输运机制由阴离子和阳离子的自扩散系数差异决定,即自扩散系数更大的离子将主导静电吸附储能过程。当循环伏安方法测试的扫速从 5mV/s 提高至 100mV/s 时,上述现象将更为显著(图 4.29~图 4.38),进一步证实了离子自身的动力学性能将决定静电吸附过程中的输运机制。

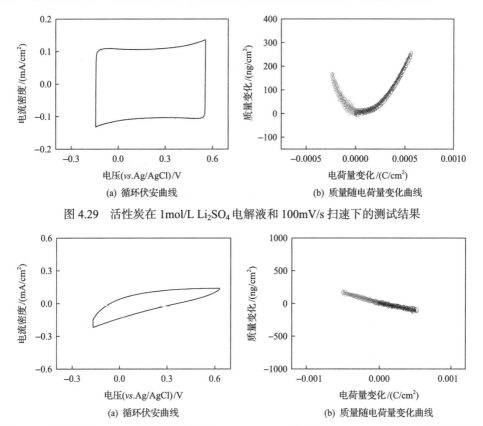

(a) 循环伏安曲线　　　　　　(b) 质量随电荷量变化曲线

图 4.29　活性炭在 1mol/L Li$_2$SO$_4$ 电解液和 100mV/s 扫速下的测试结果

(a) 循环伏安曲线　　　　　　(b) 质量随电荷量变化曲线

图 4.30　层间距为 0.40nm 的石墨烯薄膜在 1mol/L Li$_2$SO$_4$ 电解液和 100mV/s 扫速下的测试结果

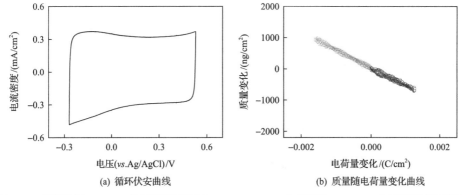

(a) 循环伏安曲线　　　　　　(b) 质量随电荷量变化曲线

图 4.31　层间距为 0.60nm 的石墨烯薄膜在 1mol/L Li$_2$SO$_4$ 电解液和 100mV/s 扫速下的测试结果

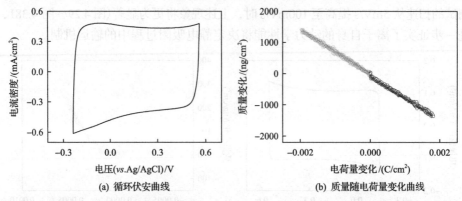

图 4.32 层间距为 0.71nm 的石墨烯薄膜在 1mol/L Li$_2$SO$_4$ 电解液和 100mV/s 扫速下的测试结果

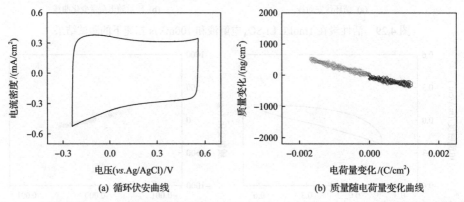

图 4.33 层间距为 1.07nm 的石墨烯薄膜在 1mol/L Li$_2$SO$_4$ 电解液和 100mV/s 扫速下的测试结果

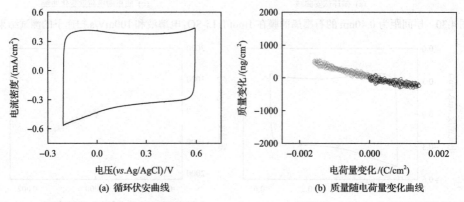

图 4.34 层间距为 1.84nm 的石墨烯薄膜在 1mol/L Li$_2$SO$_4$ 电解液和 100mV/s 扫速下的测试结果

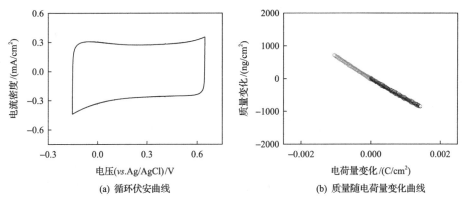

(a) 循环伏安曲线　　　　　　　　　　　　(b) 质量随电荷量变化曲线

图 4.35　层间距为 1.07nm 的石墨烯薄膜在 0.5mol/L K_2SO_4 电解液 100mV/s 扫速下的测试结果

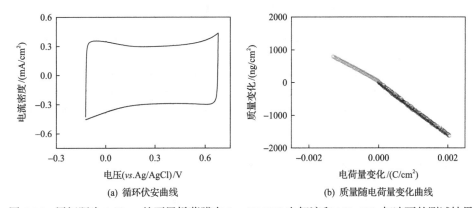

(a) 循环伏安曲线　　　　　　　　　　　　(b) 质量随电荷量变化曲线

图 4.36　层间距为 1.02nm 的石墨烯薄膜在 1mol/L KCl 电解液和 100mV/s 扫速下的测试结果

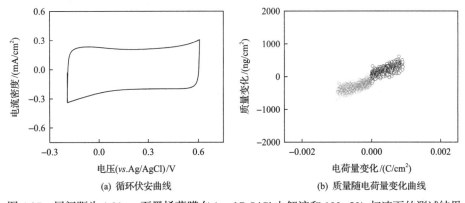

(a) 循环伏安曲线　　　　　　　　　　　　(b) 质量随电荷量变化曲线

图 4.37　层间距为 1.01nm 石墨烯薄膜在 1mol/L LiCl 电解液和 100mV/s 扫速下的测试结果

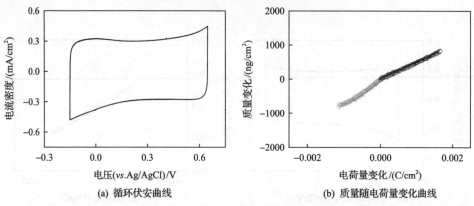

(a) 循环伏安曲线　　　　　　　　　　(b) 质量随电荷量变化曲线

图 4.38　层间距为 1.07nm 石墨烯薄膜在 1mol/L CaCl$_2$ 电解液和 100mV/s 扫速下的测试结果

参 考 文 献

[1] Dou Q, Liu L, Yang B, et al. Silica-grafted ionic liquids for revealing the respective charging behaviors of cations and anions in supercapacitors[J]. Nature Communications, 2017, 8(1): 2188.

[2] Griffin J M, Forse A C, Tsai W Y, et al. *In situ* NMR and electrochemical quartz crystal microbalance techniques reveal the structure of the electrical double layer in supercapacitors[J]. Nature Materials, 2015, 14(8): 812-819.

[3] Sauerbrey G. The use of quartz oscillators for weighing thin layers and for microweighing[J]. Zeitschrift für Physik, 1959, 155(2): 206-222.

[4] Levi M D, Levy N, Sigalov S, et al. Electrochemical quartz crystal microbalance (EQCM) studies of ions and solvents insertion into highly porous activated carbons[J]. Journal of the American Chemical Society, 2010, 132(38): 13220-13222.

[5] Levi M D, Sigalov S, Salitra G, et al. Assessing the solvation numbers of electrolytic ions confined in carbon nanopores under dynamic charging conditions[J]. Journal of Physical Chemistry Letters, 2011, 2(2): 120-124.

[6] Ohtaki H, Radnai T. Structure and dynamics of hydrated ions[J]. Chemical Reviews, 1993, 93(3): 1157-1204.

[7] Marcus Y. Thermodynamics of solvation of ions. Part 5. Gibbs free-energy of hydration at 298.15K[J]. Journal of the Chemical Society-Faraday Transactions, 1991, 87(18): 2995-2999.

[8] Forse A C, Merlet C, Griffin J M, et al. New perspectives on the charging mechanisms of supercapacitors[J]. Journal of the American Chemical Society, 2016, 138(18): 5731-5744.

[9] Cheng C, Jiang G P, Garvey C J, et al. Ion transport in complex layered graphene-based membranes with tuneable interlayer spacing[J]. Science Advances, 2016, 2(2): e1501272.

[10] Forse A C, Griffin J M, Merlet C, et al. Direct observation of ion dynamics in supercapacitor electrodes using *in situ* diffusion NMR spectroscopy[J]. Nature Energy, 2017, 2(3): 16216.

[11] Yang X W, Cheng C, Wang Y F, et al. Liquid-mediated dense integration of graphene materials for compact capacitive energy storage[J]. Science, 2013, 341(6145): 534-537.

[12] Fan X M, Yu C, Yang J, et al. Hydrothermal synthesis and activation of graphene-incorporated nitrogen-rich carbon composite for high performance supercapacitors[J]. Carbon, 2014, 70: 130-141.

[13] Merlet C, Péan C, Rotenberg B, et al. Highly confined ions store charge more efficiently in supercapacitors[J]. Nature Communications, 2013, 4: 2701.

[14] Pean C, Daffos B, Rotenberg B, et al. Confinement, desolvation, and electrosorption effects on the diffusion of ions in nanoporous carbon electrodes[J]. Journal of the American Chemical Society, 2015, 137(39): 12627-12632.

[15] Tsai W Y, Taberna P L, Simon P. Electrochemical quartz crystal microbalance (EQCM) study of ion dynamics in nanoporous carbons[J]. Journal of the American Chemical Society, 2014, 136(24): 8722-8728.

[16] He Y D, Huang J S, Sumpter B G, et al. Dynamic charge storage in ionic liquids-filled nanopores: Insight from a computational cyclic voltammetry study[J]. Journal of Physical Chemistry Letters, 2015, 6(1): 22-30.

[17] Kondrat S, Wu P, Qiao R, et al. Accelerating charging dynamics in subnanometre pores[J]. Nature Materials, 2014, 13(4): 387-393.

[18] Cheng A L, Steele W A. Computer-simulation of ammonia on graphite.1. Low-temperature structure of monolayer and bilayer films[J]. Journal of Chemical Physics, 1990, 92(6): 3858-3866.

[19] Pluhařová E, Mason P E, Jungwirth P. Ion pairing in aqueous lithium salt solutions with monovalent and divalent counter-anions[J]. Journal of Physical Chemistry A, 2013, 117(46): 11766-11773.

[20] Ryckaert J P, Ciccotti G, Berendsen H J C. Numerical integration of the Cartesian equations of motion of a system with constraints: Molecular dynamics of n-alkanes[J]. Journal of Computational Physics, 1977, 23(3): 327-341.

[21] Berendsen H J C, Grigera J R, Straatsma T P. The missing term in effective pair potentials[J]. Journal of Physical Chemistry, 1987, 91(24): 6269-6271.

[22] Pérez M D B, Nicolaï A, Delarue P, et al. Improved model of ionic transport in 2-D MoS_2 membranes with sub-5 nm pores[J]. Applied Physics Letters, 2019, 114(2): 023107.

[23] Zhang C, Raugei S, Eisenberg B, et al. Molecular dynamics in physiological solutions: Force fields, alkali metal ions, and ionic strength[J]. Journal of Chemical Theory and Computation, 2010, 6(7): 2167-2175.

[24] Martinek T, Duboué-Dijon E, Timr Š, et al. Calcium ions in aqueous solutions: Accurate force field description aided by $ab\ initio$ molecular dynamics and neutron scattering[J]. Journal of Chemical Physics, 2018, 148(22): 222813.

[25] Fennell C J, Bizjak A, Vlachy V, et al. Ion pairing in molecular simulations of aqueous alkali halide solutions[J]. Journal of Physical Chemistry B, 2009, 113(19): 6782-6791.

[26] Kohagen M, Mason P E, Jungwirth P. Accurate description of calcium solvation in concentrated aqueous solutions[J]. Journal of Physical Chemistry B, 2014, 118(28): 7902-7909.

第5章　静电吸附熵变及焦耳热效应

过高的工作温度会导致超级电容电解液蒸发和隔膜分解等危害，降低储能装备的安全性，因此，对静电吸附储能过程热效应的研究尤为重要。本章分析和讨论固液静电吸附过程焦耳热与吸附热的相关机理，结合分子动力学模拟、有限元法、机器学习和实验手段，对超级电容储能产热进行分析，并介绍了降低储能产热的方法。

5.1　固液静电吸附产热

固液静电吸附储能过程中的产热主要包括电荷传输阻力导致的焦耳热和离子自由度变化引起的吸附热。其中电荷输运又可分为离子在液相介质中输运和电子在固相介质中的传递。本节采用分子动力学模拟阐述了液相介质中的离子输运特性，通过密度泛函理论分析了固相介质中的电子输运行为，并分析了离子输运阻力和电子输运阻力与焦耳热效应的关联。另外，结合玻尔兹曼熵公式和分子动力学模拟，相比传统方法更为精确地描述了静电吸附过程中离子自由度变化导致的熵变。

5.1.1　离子输运导致的焦耳热

离子在液相介质中输运时，会与其他离子、溶剂分子、固体介质发生非弹性碰撞、吸引等相互作用，微观上表现为离子输运阻力，宏观上表现为电解液阻抗，是导致焦耳热效应和能量耗散的主要因素之一。离子输运阻力和电解液阻抗与电解液的黏度、扩散系数、电导率、导热系数等特性参数紧密关联，对这些特性参数的研究有助于理解离子的输运特性和减小电解液阻抗导致的焦耳热。下文将以水系电解液为例，介绍纳米受限结构对电解液电导率和离子自扩散的影响；并以凝胶聚合物电解液和室温离子电解液为例，定量讨论离子微观输运行为与宏观传输阻抗的关联。

为了研究纳米通道尺寸对电导率的影响，构建了如图 5.1 所示的分子动力学模拟模型。构建了长度为 86.2Å、宽度为 6.6Å 的石墨烯纳米孔道，孔道两侧设置有长度为 80Å 的电解液槽，作为连接纳米孔道的非受限空间。整个体系包含 194 个 NaCl 离子对和 5116 个水分子，对应的电解液浓度为 2mol/L。作为对照组的宏观非受限体系模型为 30Å 边长的立方空间，包含 33 个离子对和 863 个水分子，对应的电解液浓度为 2mol/L。体系温度的调控采用 Nosé-Hoover 方法，温度设置为 10℃、25℃、40℃和 60℃。

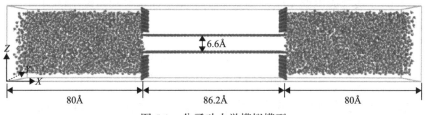

图 5.1　分子动力学模拟模型

　　为了构建离子微观传递与宏观阻抗的关联，构建了如图 5.2 所示的分子动力学模拟模型。纳米孔道由一层完整的石墨烯和两层有裂缝的石墨烯堆叠形成，其结构特征通过层间距(d)和狭缝宽度(l)两个参数描述[1]。对于室温离子体系，选用[EMIM][BF$_4$]电解液，纳米通道的层间距和狭缝宽度均设置为 7.8Å，该值能够匹配 1-乙基-3-甲基咪唑离子(EMIM$^+$)和四氟硼酸根离子(BF$_4^-$)的尺寸，以便更好地研究受限空间内静电吸附和能质传递过程中离子微观排布特性和传输机制[2]。

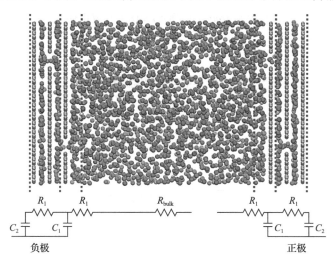

图 5.2　分子动力学模拟模型与等效电路模型

　　使用 LAMMPS 程序对上述体系进行分子动力学模拟[3]，石墨烯纳米通道电极中的碳原子保持刚性，并且固定不动。模拟均采用正则系综，并通过 Nosé-Hoover 热浴法将温度控制在 400K。在计算短程范德瓦耳斯力和静电作用力时使用了真实空间中 12Å 的截止距离，长程静电相互作用采用 PPPM 方法计算[4]，精度设置为 10^{-6}。采用 Verlet 算法求解牛顿运动方程。模拟至少热力学平衡 5ns，时间步长为 1fs，然后再进行 5～10ns 模拟计算用于数据分析。

　　通过结合恒电势分子动力学模拟方法和传输线模型，建立起室温离子液体电解液中微观离子传输与宏观阻抗的内在联系，量化描述静电吸附能质传递过程中石墨烯纳米通道内离子的传输阻力。由于模拟过程中将固体介质设置为导体(即阻抗为零)，因此该等效电路中阻抗均是来源于离子输运过程所经历的阻力，满足以下关系式：

$$z(\omega) = \frac{(j\omega)^2 R_1 (R_{bulk} + 2R_1)C_1C_2 + j\omega\left[(R_{bulk} + 2R_1)C_1 + (R_{bulk} + 4R_1)C_2\right] + 2}{(j\omega)^2 R_1 C_1 C_2 + j\omega(C_1 + C_2)} \tag{5.1}$$

式中，R_{bulk} 为离子在体相电解液中传输所引起的阻抗值；R_1 为离子在石墨烯纳米通道内传输所引起的阻抗值；C_1 和 C_2 为石墨烯纳米通道电极的电容值；ω 为角频率。

在傅里叶空间中电极的总电荷(Q)与电势差(V)有如下关系：

$$Q(\omega) = \frac{I(\omega)}{j\omega} = \frac{V(\omega)}{j\omega Z(\omega)} \tag{5.2}$$

结合式(5.1)和式(5.2)可得

$$\left[(j\omega)^2 + j\omega a + b\right]Q(\omega) = (c + j\omega d)V(\omega) \tag{5.3}$$

式中

$$a = \frac{(R_{bulk} + 2R_1)C_1 + (R_{bulk} + 4R_1)C_2}{R_1(R_{bulk} + 2R_1)C_1C_2} \tag{5.4}$$

$$b = \frac{2}{R_1(R_{bulk} + 2R_1)C_1C_2} \tag{5.5}$$

$$c = \frac{C_1 + C_2}{R_1(R_{bulk} + 2R_1)C_1C_2} \tag{5.6}$$

$$d = \frac{1}{R_{bulk} + 2R_1} \tag{5.7}$$

因此，结合式(5.3)～式(5.7)，总电极电荷随时间变化量[$Q(t)$]经傅里叶变换满足以下微分方程：

$$Q''(t) + aQ'(t) + bQ(t) = cV(t) + dV'(t) \tag{5.8}$$

式中，t 为时间；$Q'(t)$ 和 $Q''(t)$ 分别为电荷的一阶和二阶层数；$V'(t)$ 为电势差的一阶导数。

上述线性微分方程可以通过在 $t = 0$ 时给超级电容电极一个电势差(即从 0 到 V_0)所获得的电极电荷随时间变化曲线进行求解。其中边界条件为当 $t=0$ 时，Q 和 Q' 均为 0。而对于 $t>0$ 时，则有

$$Q(t) = Q_{\max}\left[1 - A_1 \exp\left(-\frac{t}{\tau_1}\right) - A_2 \exp\left(-\frac{t}{\tau_2}\right)\right] \qquad (5.9)$$

式中

$$Q_{\max} = \frac{c}{b}V_0 = \frac{C_1 + C_2}{2}V_0 \qquad (5.10)$$

$$\tau_1 = \frac{2}{a + \sqrt{a^2 - 4b}} \qquad (5.11)$$

$$\tau_2 = \frac{2}{a - \sqrt{a^2 - 4b}} \qquad (5.12)$$

$$A_1 = \frac{1}{2}\left[1 + \frac{2bd - ac}{2c\sqrt{a^2 - 4b}}\right] \qquad (5.13)$$

$$A_2 = \frac{1}{2}\left[1 - \frac{2bd - ac}{2c\sqrt{a^2 - 4b}}\right] \qquad (5.14)$$

其中，V_0 为 $t=0$ 时刻给定的电势差。

对于水系电解液，电导率是离子输运能力的体现，与其自扩散系数和浓度紧密关联，此处着重对比分析纳米受限与非受限空间中离子输运特性和电导率。在相同温度下，受限石墨烯纳米通道中的电导率均小于非受限体系，说明离子在受限空间中的输运阻力要高于非受限空间，这一趋势随着温度升高而更加显著。如图 5.3 所示，在 10℃下，非受限空间的电导率($8.05\Omega^{-1}\cdot m^{-1}$)比受限空间($2.28\Omega^{-1}\cdot m^{-1}$)高 253.07%，随着温度升高此数值逐渐增大，在 60℃下达到了 275.25%。

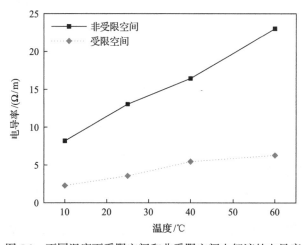

图 5.3 不同温度下受限空间和非受限空间电解液的电导率

上述结果表明，纳米受限空间中电解液的电导率升高是离子自扩散系数和浓度变化的综合作用结果。在受限空间中，离子具有高于非受限空间的自扩散系数，表现为更剧烈的热运动行为。理论上，自扩散行为的加剧是有利于提升电解液电导率的。但是，当离子进入到纳米孔道时，需要失去部分溶剂层，存在显著的入口阻力，这使纳米受限孔道中的离子浓度显著小于非受限空间，电解液电导率显著降低。因此，尽管离子在受限空间中的自扩散系数较高，但离子浓度远低于非受限体系，在上述两者的综合作用下，最终导致了较低的电解液电导率。

相比于水系电解液，室温离子液体仅由阴离子和阳离子组成，没有溶剂分子这一特点导致特殊的离子间交互作用，对传输阻力有着显著影响。接下来讨论常见的咪唑类离子液体电解液体系在纳米受限通道中的输运特性，并着重分析不同电势阶段下离子传递行为与宏观阻抗的关联。

图 5.4(a)～(c)描述了石墨烯纳米通道在不同初始电势条件下施加±0.25V 电势差后存储电荷量随时间的响应曲线。如图所示，正极和负极的电荷响应曲线具有高度的对称性，表明静电吸附能质传递过程中体系维持了电中性，证实了分子

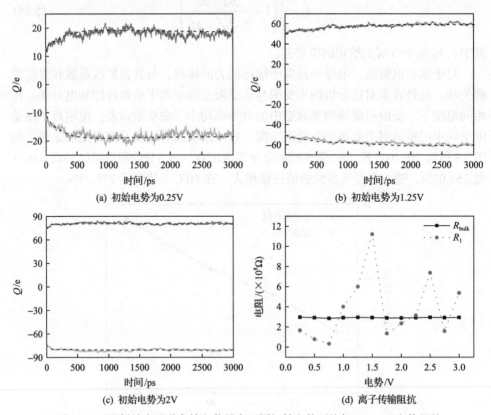

(a) 初始电势为0.25V　　　　　　　(b) 初始电势为1.25V

(c) 初始电势为2V　　　　　　　(d) 离子传输阻抗

图 5.4　石墨烯纳米通道存储电荷量在不同初始电势下施加±0.25V 电势差的
响应曲线及离子传输阻抗

动力学模拟结果的可靠性。在不同电势条件下，电极电荷均能在 3000ps 时达到稳定状态，说明此时完成了静电吸附储能过程。但是，不同电势条件下电极电荷的响应速度不同。造成该现象的主要原因是不同电势条件下离子在石墨烯纳米通道内传输所受到的阻力大小不同。为了进一步量化分析，对存储电荷量随时间响应曲线进行拟合，计算获得了离子在石墨烯纳米通道内的传输阻抗。

图 5.4(d) 表示不同电势条件下离子在石墨烯纳米通道内部(R_l)和体相电解液中(R_{bulk})的传输阻抗。体相电解液中离子传输阻抗随电极电势变化不明显，原因在于体相电解液在整个静电吸附能质传递过程中能够维持相对稳定的离子浓度。不同的是，石墨烯纳米通道内离子传输阻抗随电极电势变化波动很大，整体呈现震荡趋势。引起离子在石墨烯纳米通道电极内传输阻抗增加（如电势为 1.5V 时）的主要原因在于高浓度和低浓度离子相界面的形成，造成同性离子难以从通道中排出，从而增加了离子传输阻力[5]。

5.1.2　电子输运焦耳热

电子输运阻力是决定固相部分焦耳热的关键因素。电子在固相介质中的输运涉及电极、集流体及电极与集流体的交界面。为了比较电子在以上区域的输运阻力，建立了对应的四种模型，分别为单层石墨烯模型、两层石墨烯接触模型、金属镍板模型和石墨烯-金属镍接触模型，如图 5.5 所示。在石墨烯固体介质中，电

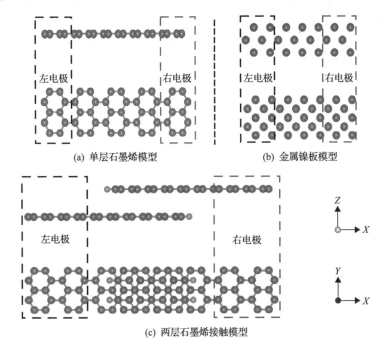

(a) 单层石墨烯模型　　　　　　　　(b) 金属镍板模型

(c) 两层石墨烯接触模型

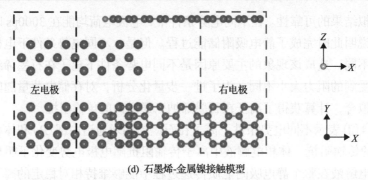

(d) 石墨烯-金属镍接触模型

图 5.5　固体介质中的电子输运模型

子既需要流经石墨烯的六角形晶格平面，又需要在两层石墨烯层间传递，对应了图 5.5(a) 和 (c) 两个模型。金属镍是常用的集流体材料，因而选取三层镍板作为集流体的代表，即图 5.5(b) 模型。相应地，石墨烯与金属镍接触产生的固/固界面，则代表了电极与集流体的交界面。

在模型中，单层石墨烯由 50 个碳原子构成，通过切割石墨结构的 (001) 晶面获得。三层金属镍板由 54 个镍原子构成，通过切割金属镍晶体的 (111) 晶面获得。如图 5.5 所示，每个计算模型均分为左电极、导通区、右电极。为了匹配 X 方向和 Y 方向上的单位向量，石墨烯和镍板结构都采用了 2.48Å 的平面内晶格常数。为了消除由周期边界引起的相互作用，沿着平面外方向（即 Z 方向）设置了足够大的真空间隔层（＞10Å）。密度泛函理论-非平衡格林函数计算采用了码源开放的 Material eXplorer 软件包，分别用 $H5.0s^2$、$C5.0\text{-}s^2p^2d^1$ 和 $Ni6.0S\text{-}s^3p^3d^2f^1$ 规定了 H、C 和 Ni 的赝原子轨道，并采用了局部自旋密度近似[6, 7]。截止能量、电子温度和能量标准分别设定为 2720eV、300K 和 10^{-6}hartree（1hartree=110.5×10^{-21}J）。采用 $11\times3\times3$ 的等效 K 点进行电极的电子计算。

左右两电极间设置 0.1～0.3V 的偏置电压，且左电极为正极，右电极为负极。电子从负极传输到正极，电流则从正极流到负极。首先，选取偏压为 0.3V 的计算案例进行比较分析，截取了四个模型的电流密度等值面，如图 5.6(a)～(d) 所示。环绕于原子周围的半透明云状图形表示空间中电流密度为 60μA/Å 的曲面，说明这些区域的电流较高，电子输运的阻力相对较小。通过对比可发现，电子在单层石墨烯和金属镍板中的输运能力较强，60μA/Å 等值面几乎覆盖了整个计算结构。而在两层石墨烯接触模型和石墨烯-金属镍接触模型中，等值面覆盖的区域明显减少，且结构的交界面部分又比其他部分更少，表明界面处电子输运阻力较大。

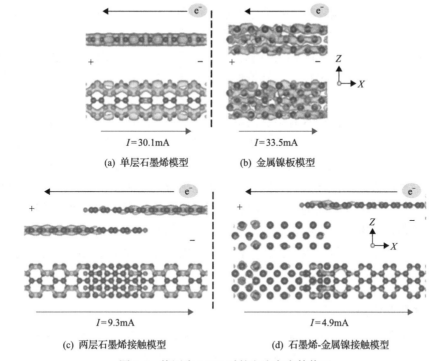

(a) 单层石墨烯模型　　　　　　　(b) 金属镍板模型

(c) 两层石墨烯接触模型　　　　(d) 石墨烯-金属镍接触模型

图 5.6　偏压为 0.3 V 时的电流密度等值面

电子透射率表示电子在某能量状态下穿透导通区的概率，可以表征导通区的电子输运能力。四个模型的电子透射谱如图 5.7(a) 所示。$E - E_F = 0$ 表示电子位于费米能级。通常，费米能级附近的电子透射率越高，结构的电子输运能力越强，对应的电导率也越高[8]。从图中可以观察到，金属镍和单层石墨烯的电子透射率明显高于另外两个结构。石墨烯-金属镍接触模型相较于两层石墨烯接触模型，尽

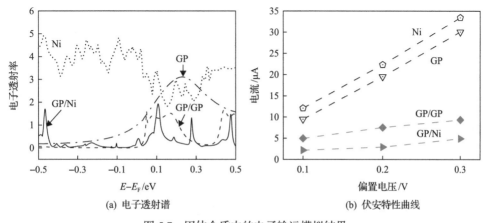

(a) 电子透射谱　　　　　　　　(b) 伏安特性曲线

图 5.7　固体介质中的电子输运模拟结果

管峰值较高，但是峰宽较窄，因此总的电子透射率较低，说明电子在石墨烯-金属镍界面的输运阻力要大于石墨烯与石墨烯的接触界面。

通过改变偏压(0.1~0.3V)并计算流经导通区的电流，可以得到结构的伏安特性曲线，结果如图 5.7(b)所示。随着偏压的升高，四个模型均呈现出电流上升的趋势。但在相同的偏压下，不同模型的电流值显现出明显的差异。总之，镍金属板的电子阻力最低，因而具有最高的电流。单层石墨烯次之，也具有较强的电子输运能力。而两层石墨烯接触模型和石墨烯-金属镍接触模型的电流值明显下降，说明受固/固交界面的影响，使电子输运阻力显著增加。因此，以石墨烯为活性材料的固液静电吸附储能体系中，固相电荷传输阻抗的来源主要是石墨烯的层间电阻和石墨烯与集流体之间的界面电阻，而石墨烯晶格平面内与金属镍自身优异的导电性使得这两部分引入的阻抗较小。因此，在超级电容储能应用中，改善石墨烯层间及石墨烯与集流体界面的导电性质，有助于减小固相介质部分的阻抗，进而降低焦耳效应产热。

5.1.3 离子吸附热

在固液静电吸附储能体系中，吸附热与电解液在吸附前后的熵变密切相关。在热力学中，玻尔兹曼公式将熵与热力学概率关联起来[9]：

$$S = k_B \ln W \tag{5.15}$$

式中，$k_B = 1.380658 \times 10^{-23} J/K$，称为玻尔兹曼常数；$W$ 为离子在系统中处于某一子系的热力学概率，热力学概率越大，熵也越大。玻尔兹曼公式可以给熵一个统计解释，熵代表系统的混乱度(或无序度)，热力学概率越大，即相应的微观状态数越多，代表系统越混乱。对于一个离子系统，处于子区域的 N 个离子的热力学概率可以表示为

$$W = \left(\frac{V_1}{V}\right)^N \tag{5.16}$$

式中，V_1 为离子所占子区域体积；V 为总体积；C 为电容值；N 为一种离子数，即

$$N = \frac{2C \cdot 1/2U}{e} = \frac{CU}{e} \tag{5.17}$$

式中，e 为单个离子所携带电荷量；U 为电压。

故而，静电吸附过程的熵可表示为

$$S = S^+ + S^- = k_B \left[\ln\left(\frac{V_c^+}{V_0}\right)^{N^+} + \ln\left(\frac{V_c^-}{V_0}\right)^{N^-} \right] = k_B \frac{CU}{e} \left[\ln\left(\frac{V_c^+}{V_0}\right) + \ln\left(\frac{V_c^-}{V_0}\right) \right] \quad (5.18)$$

式中，V_c 为界面有效体积；V_0 为体相体积；上标+和–分别代表正极和负极。

从式 (5.18) 可以看出，固液静电吸附过程的熵主要取决于界面有效体积，即界面有效厚度和界面面积的乘积。经典固液静电吸附理论认为，由异性离子吸附引起的 Helmholtz 层是静电吸附界面的主体。然而，该假设仅对稀薄的电解液 (如 0.01mol/L 水溶液) 有效，在高浓度电解液体系中，如商业化有机电解液 (如 1mol/L SBPBF$_4$/ACN)，阳离子与阴离子强相互作用和复杂的离子-溶剂相互作用 (如氢键和特定吸附) 使得静电吸附界面无法近似用 Helmholtz 层代替。因此，传统的界面有效厚度假设将不再适用，而需要通过分子动力学模拟等方法具体分析离子在固液界面的排布和状态等微观信息，根据离子浓度、离子与电极壁面的距离等参数计算界面有效厚度。在分子动力学模拟中，静电吸附界面有效厚度可以通过离子的数密度分布进行计算：

$$d_{EDL} = \frac{\int_{z_0}^{z_1} z^N (z - z_0) n(z) \mathrm{d}z}{\int_{z_0}^{z_1} z^N n(z) \mathrm{d}z} \quad (5.19)$$

式中，$n(z)$ 为离子在 Z 位置处的数密度。可以看出，数密度分布是决定固液静电吸附界面结构的重要参数。其中，垂直于电极表面的 z 位置处的离子数密度 $n(z)$ 可通过式 (5.20) 获得[10]：

$$n(z) = \frac{1}{L_x L_y \Delta z} \sum_i \delta(z - z_i) \quad (5.20)$$

式中，L_x 和 L_y 分别为沿 X 轴和 Y 轴的电极尺寸；$\sum_i \delta(z - z_i)$ 为厚度为 Δz 的一层内的粒子数。

决定固液静电吸附界面有效体积的另一个重要参数是电极的面积电容，其可以通过电极电荷密度和电极电势之间的比值计算得到。根据数密度，电场/电势分布由泊松方程获得

$$\nabla_z \left[\varepsilon_0 (\nabla_z \Phi(z)) \right] = -n(z) \quad (5.21)$$

通过对泊松方程进行积分，z 位置的电势 $\Phi_{\text{total}}(z)$ 可以表示为

$$\Phi_{\text{total}}(z) = \frac{\sigma}{\varepsilon_0} z - \frac{1}{\varepsilon_0} \int_0^z (z - z') n(z') \mathrm{d}z' \tag{5.22}$$

式中，$z = 0$ 为电极所处位置；σ 为电极电荷密度；$n(z)$ 为位置 z 处的电解液电荷密度。

根据热力学第二定律，吸附热可以表示为

$$\frac{\mathrm{d}Q_{\text{entropy}}}{\mathrm{d}t} = -T \frac{\mathrm{d}S}{\mathrm{d}t} = -T \frac{Ck_{\text{B}}}{e} \ln\left(\frac{V_{\text{c}}^+}{V_{\text{c}}^-}\right) \frac{\mathrm{d}U}{\mathrm{d}t} = -\frac{Tk_{\text{B}}}{e} \ln\left(\frac{V_{\text{c}}^+}{V_{\text{c}}^-}\right) I \tag{5.23}$$

式中，I 为施加的电流。通过上述对界面有效厚度及电极电容的计算，超级电容储能过程吸附热可以精确地表示为

$$\frac{\mathrm{d}Q_{\text{entropy}}}{\mathrm{d}t} = -T \frac{Ck_{\text{B}}}{e} \left[\ln\left(\frac{d_{\text{EDL}}^+ \cdot \dfrac{C}{C_{\text{positive}}}}{V_0}\right) + \ln\left(\frac{d_{\text{EDL}}^- \cdot \dfrac{C}{C_{\text{negative}}}}{V_0}\right) \right] \frac{\mathrm{d}U}{\mathrm{d}t}$$

$$= -\frac{Tk_{\text{B}}}{e} \left[\ln\left(\frac{\dfrac{\displaystyle\int_{z_0}^{z_1} z^{N^+}(z - z_0) n_+(z) \mathrm{d}z}{\displaystyle\int_{z_0}^{z_1} z^{N^+} n_+(z) \mathrm{d}z} \cdot \dfrac{C}{C_{\text{positive}}}}{V_0}\right) \right.$$

$$\left. + \ln\left(\frac{\dfrac{\displaystyle\int_{z_0}^{z_1} z^{N^-}(z - z_0) n_-(z) \mathrm{d}z}{\displaystyle\int_{z_0}^{z_1} z^{N^-} n_-(z) \mathrm{d}z} \cdot \dfrac{C}{C_{\text{negative}}}}{V_0}\right) \right] I \tag{5.24}$$

因此，固液静电吸附过程的吸附热与静电吸附熵变密切相关，精确描述界面区域离子间作用力、作用势能和溶剂偶极矩等分子参数是准确预测吸附热的关键。

5.2　实验检测与模型预测

对超级电容热效应的精确检测和预测对提高储能器件寿命和安全性有重要意义。目前，研究超级电容热效应的主要手段包括实验检测方法、数值模拟方法和人工神经网络模型预测方法等。常见的实验检测技术有差示扫描量热仪(differential scanning calorimeter，DSC)、绝热加速量热仪(adiabatic rate calorimeter，ARC)和恒温式量热计(isothermal calorimeter)等。直接实验检测具有过程简单、结果直观的特点，但能测的参数有限，难以探知超级电容储能热效应的内在机理。数值模拟方法从超级电容的结构特点和储能机理出发，建立相应的模型并通过数值计算进行研究。常用的数值模拟包括有限元数值解析、分子动力学模拟和蒙特卡罗计算等。数值模拟方法将理论和经验相结合，模拟超级电容产热的全过程，能够提供从微观到宏观的详细信息。人工神经网络预测法在给定工况下的实验测试和模拟结果的基础上，能够估算更多工况下的参数。本节介绍了商用超级电容在充放电过程中产热的实验检测结果，基于分子动力学和电化学-热耦合模型对超级电容产热进行精确预测，并分析了神经网络模型快速预测超级电容模组热效应的适用性。

5.2.1　超级电容储能热效应实验检测

为测试超级电容充放电过程中的储能热效应，搭建了由电化学测试模块、温度信号采集模块和热测试模块组成的检测系统。电化学测试模块包括电化学工作站和外部连接线等，主要用于对超级电容开展恒电流充放电、循环伏安和电化学阻抗谱等储能性能测试。温度信号采集模块包括热电偶和温度采集仪等，主要用于分析超级电容表面温度的演变规律。热测试模块主要由量热装置构成，用于检测超级电容在不同工况下的储能热效应和温度变化，如图 5.8 所示。

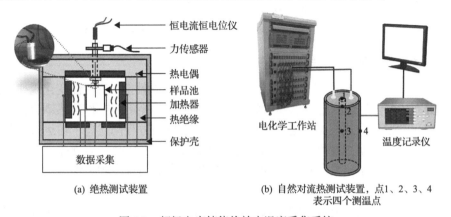

(a) 绝热测试装置　　　　　　　(b) 自然对流热测试装置，点1、2、3、4
　　　　　　　　　　　　　　　　表示四个测温点

图 5.8　超级电容储能热效应温度采集系统

　　超级电容热效应测试分别在绝热和自然对流两种条件下进行。测试过程中，采用恒电流方法对超级电容进行循环充放电，电流采用 10A。如图 5.9(a)所示，在绝热条件下，4 个典型通道的超级电容表面温度呈现波浪形上升趋势。其中，焦耳热是导致温度上升的主要原因，而波浪形的温度波动是吸附热造成的。经过四个充放电循环(800s)，温度升高了 4℃。超级电容盖板处(通道 1)盖板导热系数较低，导致温升较慢，其余壳体处温升基本一致。

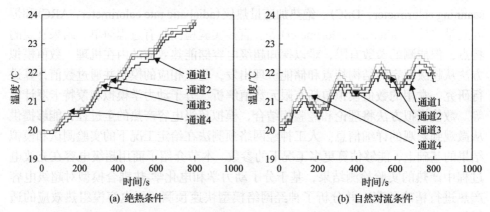

(a) 绝热条件　　　　　　　　　　　　　(b) 自然对流条件

图 5.9　超级电容充放电电流为 10A 时不同条件下表面不同位置的温度变化情况

　　在自然对流条件下，如图 5.9(b)所示，超级电容表面的温度同样呈现出波动上升的趋势，经过四个充放电循环(800s)，温度升高了 2℃。其波动幅度相较于绝热条件剧烈，这是由于在放电过程中除超级电容自身吸热造成温度降低外，热量还会由于温差存在从超级电容传递给外界环境。同时相较于绝热环境，超级电容温度升高的幅度相对较小，主要是因为空气与超级电容表面换热，起到了冷却的作用。

　　过高的工作温度会导致超级电容电解液蒸发和隔膜分解等危害，降低储能装备的安全性，因此，在实际应用场景中，为了避免超级电容温升过高，将储能设备维持在合适的工作温度，需要通过空冷、水冷等手段加快散热。

5.2.2　多尺度电化学-热耦合模型

　　电化学-热耦合模型被广泛用于分析电容的电化学性能、热特性变化规律及温度场分布，可以为预测超级电容热效应和热管理提供指导。电化学-热耦合模型结合了电化学模型和热模型。电化学模型通过一组控制方程阐述离子输运过程和熵变过程，而热模型主要用于分析超级电容储能过程中的传热传质规律。从静电吸附储能过程动力学出发，在考虑动力学传输性能参数与温度相关性的情况下分析其热效应。

　　常用的数值模拟方法为限元数值解析，从超级电容的结构特点和储能机理出发建立相应的模型并求解,但存在一定的局限性。分子动力学模拟能够研究离子之间作用力等分子参数,但由于尺度和实际器件尺寸差别太大,只能定性指导而无法直接预测。储能过程既涉及微观的过程,也涉及宏观的过程,因此将有限元和分子动力学相结合,以分子动力学计算获得的微观层面数据作为有限元的基础输入参数,在实现大尺度计算的同时可以得到更精确的预测结果。以 350 F 商用活性炭超级电容为例,介绍多尺度电化学-热耦合模型的构建和计算过程,并与实验测试数据作对比,以验证多尺度电化学-热耦合模型的准确性。

首先,通过分子动力学模拟,计算离子数密度分布和电势分布得到界面有效体积,从而计算吸附热,其模型如图 5.10 所示。在模拟过程中,不考虑电极自身的形变和空间位移,将固体介质中的碳原子固定不动且保持刚性[11]。对于四氟硼酸螺环季铵[spiro-(1,1,)-bipyrrolidinium tetrafluoroborate,SBPBF$_4$]有机电解液体系,电解液离子(SBP$^+$和 BF$_4^-$)的部分电荷和力场来自巴西圣保罗大学 Monteiro 等[12]的工作,乙腈(acetonitrile,ACN)分子的参数选自贵州师范学院吴旭普等[13]的工作。粒子之间的相互作用可以表示为键合相互作用,范德瓦耳斯力(以常见的 Lennard-Jones 12-6 形式描述)和库仑作用力的总和。

$$
\begin{aligned}
E_{\text{total}} = &\sum_{\text{bonds}} K_r (r - r_0)^2 + \sum_{\text{angles}} K_\theta (\theta - \theta_0)^2 \\
&+ \sum_{\text{dihedrals}} K_\varphi \big[1 + \text{dcos}(n\varphi) \big] + \sum_{i,j} 4\varepsilon_{ij} \left[\left(\frac{\sigma_{ij}}{r_{ij}} \right)^{12} - \left(\frac{\sigma_{ij}}{r_{ij}} \right)^6 \right] + \frac{q_i q_j}{r_{ij}}
\end{aligned}
\tag{5.25}
$$

式中,r_0 和 θ_0 分别为平衡键距和键角;K_r、K_θ 和 K_φ 分别为键、角和二面体相互作用系数;q_i、r_{ij}、ε_{ij} 和 σ_{ij} 分别为第 i 个粒子(包括原子、分子、离子)的电荷量、第 i 和 j 个粒子间的距离、第 i 和 j 个粒子间的最低势能及势能为零时的粒子间距离。

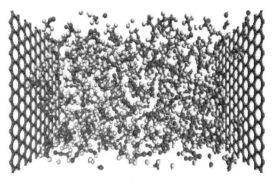

图 5.10　分子动力学模拟模型

图 5.11 展示了电极附近电解液离子的一维数密度分布,离子在靠近电极表面

区域呈现出多层的排布方式，与 Helmholtz 模型存在差异。因此，仅依靠常规的 Helmholtz 模型，无法准确地描述界面有效体积。如图 5.11(a) 所示，在负极区域，阳离子(SBP^+)的数密度较高，其中第一个峰的峰值为 0.00685#/$Å^3$，第二个峰的峰值为 0.00186#/$Å^3$，而阴离子(BF_4^-)主要出现在离负极表面较远的位置。另外，溶剂分子(ACN)聚集在阳离子和电极表面之间的缓冲区域，出现明显的数密度峰，这说明阳离子处于溶剂化状态。如图 5.11(b) 所示，在正极区域，阴离子(BF_4^-)的数密度较高，其中第一个峰的峰值为 0.00499#/$Å^3$。由于离子尺寸较小，且与溶剂的相互作用较弱，BF_4^-离子和 ACN 分子的第一个数密度峰几乎处于同一位置，这表明 BF_4^-的部分溶剂层被剥离。因为不存在溶剂分子的缓冲区域，BF_4^-能够排布在更靠近电极表面的区域，其与正极的距离小于 SBP^+与负极的距离。从图 5.12 和图 5.13 中的二维数密度分布也可以观察到类似的结果。将数密度分布代入式(5.19)，可以计算得到负极和正极的界面有效厚度分别为 0.810nm 和 0.771nm。

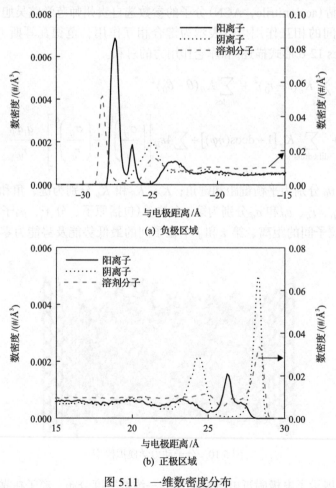

(a) 负极区域

(b) 正极区域

图 5.11　一维数密度分布

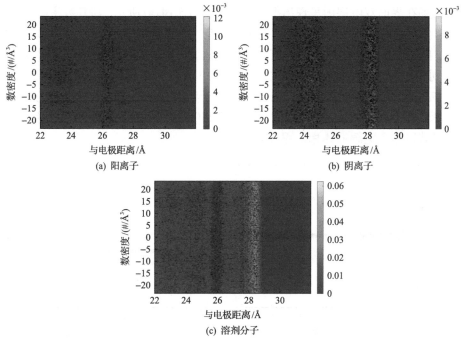

(a) 阳离子　　　(b) 阴离子

(c) 溶剂分子

图 5.12　负极区域二维数密度分布

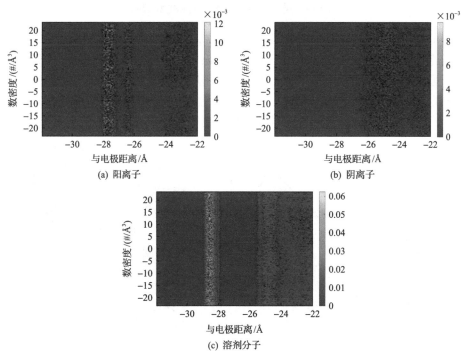

(a) 阳离子　　　(b) 阴离子

(c) 溶剂分子

图 5.13　正极区域二维数密度分布

　　电场在界面双电层内呈现出振荡曲线,如图 5.14(a)所示,与其数密度结果相一致。值得注意的是,电场迅速被电解液屏蔽,并在纳米厚度双电层内衰减为零。其中,电场的负值可归咎于电荷密度的屏蔽效应。如图 5.14(b)所示,电势分布也观察到与电场类似的趋势。通过计算,负极电容、正极电容和总电容分别为 $4.04\mu F/cm^2$、$5.30\mu F/cm^2$ 和 $2.20\mu F/cm^2$。基于界面有效厚度和电极电容的结果,可计算出界面有效体积(V_c)。同时,测量了 350F 超级电容的几何尺寸、卷绕层数等,可获得整个电解液体相体积(V_0)。

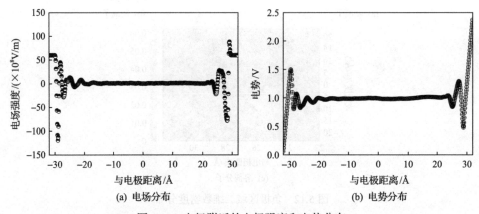

图 5.14　电极附近的电场强度和电势分布

　　在此基础上,建立有限元数值计算模型,如图 5.15 所示。由于双电层电容具有对称性且结构比较简单,采用一维电化学模型就可以有较好的精度。在一维电化学模型中,需要建立电荷守恒、固相电流密度、液相电流密度、质量守恒等控制方程,以描述超级电容储能过程中离子吸脱附过程。因为热量在轴向和周向的传递不可忽略,需要通过建立三维模型预测超级电容单体内部的温度分布。通过

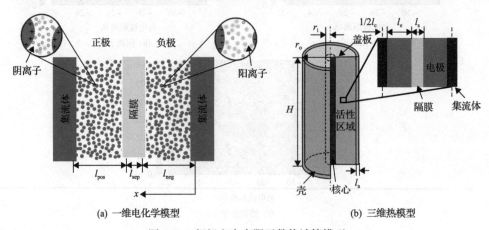

图 5.15　超级电容有限元数值计算模型

三维热模型与一维电化学模型相耦合，可以实现对超级电容储能产热效应的精确描述和预测。

　　超级电容一维电化学模型如图 5.15(a)所示，计算域由负极、正极、电解液、隔膜和集流体组成。超级电容的一维电化学模型是基于多孔电极宏观均匀理论，将真实的多孔结构处理成固体粒子和孔隙电解液组成的均匀混合溶液。为了更好地对其中的电化学过程进行模拟，需要对模型进行如下简化假设：单元结构是完全对称的；多孔固体介质的多孔结构为大小相等的球形；多孔电极/电解液界面不存在法拉第反应；无气相物质产生；由于集流体具有高电导率，故可忽略集流体内电势差的影响，即计算域不包括集流体部分；电解液呈电中性；由于电解液在多孔电极和隔膜中完全渗透，因此可忽略内部电解液微弱的流体运动；忽略了自放电和电荷的重新分配[14]。

　　由于电中性假设，由电流的连续性可得到电荷守恒方程：

$$\frac{\partial i_s(x,t)}{\partial x} + \frac{\partial i_l(x,t)}{\partial x} = 0 \tag{5.26}$$

式中

$$\frac{\partial i_l(x,t)}{\partial x} = \delta C_{dl} \frac{\partial \left[\phi_s(x,t) - \phi_l(x,t) \right]}{\partial t} \tag{5.27}$$

式中，i_s 和 i_l 分别为固相电流密度和液相电流密度；ϕ_s 和 ϕ_l 分别为固相电势和液相电势；C_{dl} 为单位面积比电容；δ 为电极单位体积比表面积。

　　电极内的固相电流密度满足欧姆定律：

$$i_s(x,t) = -\sigma_{elec} \frac{\partial \phi_s(x,t)}{\partial x} \tag{5.28}$$

考虑到工作电极为多孔电极，则固相电导率修正为

$$\sigma_{elec} = \sigma_s (1 - \varepsilon_{elec})^\beta \tag{5.29}$$

式中，σ_s 为固相电导率；ε_{elec} 为多孔电极的孔隙率；β 为 Bruggeman 系数。

　　根据电势梯度与电流、电导率的相互关系，可以得到以下边界条件：

$$-\left. \frac{\partial \phi_s(x,t)}{\partial x} \right|_{x=0} = \frac{i_{app}}{\sigma_{elec}} \tag{5.30}$$

式中，i_{app} 为施加电流密度。

$$\left.\frac{\partial \phi_s(x,t)}{\partial x}\right|_{x=l_{neg}+l_{sep}+l_{pos}} = \frac{i_{app}}{\sigma_{elec}} \tag{5.31}$$

$$\left.\frac{\partial \phi_s(x,t)}{\partial x}\right|_{x=l_{neg},\,x=l_{neg}+l_{sep}} = 0 \tag{5.32}$$

$$\phi_s(x,t)\big|_{x=0} = 0 \tag{5.33}$$

液相电流密度可由离子通量密度表示：

$$i_1(x,t) = F\sum_{i=1}^{n} e_i N_i(x,t) = -\frac{F^2}{RT}\frac{\partial \phi_1(x,t)}{\partial x}\sum_{i=1}^{n} e_i^2 D_i c_i(x,t) - F\sum_{i=1}^{n} e_i D_i \frac{\partial c_i(x,t)}{\partial x} \tag{5.34}$$

式中，N_i 为离子的通量密度，由电解液中离子迁移、扩散和流体流动共同决定。由于电解液的微弱流动可忽略，则流体流动这一项忽略不计，根据 Nernst-Planck 方程，即

$$N_i(x,t) = N_{i,trans}(x,t) + N_{i,diff}(x,t) = -\frac{e_i F}{RT}D_i c_i \frac{\partial \phi_1(x,t)}{\partial x} - D_i \frac{\partial c_i(x,t)}{\partial x} \tag{5.35}$$

式中，右边第一项为离子迁移通量密度，第二项为离子扩散通量密度。F 为法拉第常数；e_i 为离子所带电荷；R 为通用气体常数；c_i 为离子浓度；u_i 为离子迁移速度；D_i 为扩散系数，且满足 Einstein-Smoluchowski 方程，

$$D_i = \frac{RT u_i}{|e_i| F} \tag{5.36}$$

对于二元电解液，$i = 2$。因为离子的扩散过程会受到固体结构的影响，离子在电极和隔膜中的扩散系数需要利用电极与隔膜的孔隙率进行修正。工作电极、隔膜中第 i 种离子的扩散系数分别修正为

$$D_{i,elec} = D_i \cdot \varepsilon_{elec}^{\beta} \tag{5.37}$$

$$D_{i,sep} = D_i \cdot \varepsilon_{sep}^{\beta} \tag{5.38}$$

式中，ε_{elec} 和 ε_{sep} 分别为工作电极和隔膜的孔隙率。

根据电势分布，可以得到以下边界条件：

$$\phi_1(x,t)\big|_{t=0} = 0 \tag{5.39}$$

$$\left.\frac{\partial \phi_1(x,t)}{\partial x}\right|_{x=0,\,x=l_{neg}+l_{sep}+l_{pos}} = 0 \tag{5.40}$$

电解液中的质量守恒方程为

$$\frac{\partial c_i(x,t)}{\partial t} = -\frac{\partial N_i(x,t)}{\partial x} + R_i \tag{5.41}$$

式中，R_i 为源项，因为不存在化学反应，故 $R_i = 0$。

根据离子通量密度分布和初始时刻离子浓度，可以得到以下边界条件：

$$c_1(x,t)\big|_{t=0} = c_2(x,t)\big|_{t=0} = c_0 \tag{5.42}$$

$$N_1(x,t)\big|_{x=0,x=l_{\text{neg}}+l_{\text{sep}}+l_{\text{pos}}} = N_2(x,t)\big|_{x=0,x=l_{\text{neg}}+l_{\text{sep}}+l_{\text{pos}}} = 0 \tag{5.43}$$

另外，一维电化学模型中所涉及的参数包括计算域各组分几何参数、孔隙率等，具体可参见表 5.1。

表 5.1　电化学模型参数

参数	符号	值
多孔电极孔隙率	$\varepsilon_{\text{elec}}$	44%
隔膜孔隙率	ε_{sep}	70%
正极活性物质半径	r_{pos}	5μm
负极活性物质半径	r_{neg}	5μm
固相电导率	σ_{s}	135S/cm
电解液初始浓度	c_0	1000mol/m^3
隔膜厚度	l_{sep}	30μm
负极厚度	l_{neg}	100μm
正极厚度	l_{pos}	100μm
集流体厚度	l_{c}	10μm
铝壳厚度	l_{a}	88μm
Bruggeman 系数	β	1.5
单位面积电容	C_{dl}	25.66F/m^2
电极单位体积表面积	δ	1800m^2/g
最低截止电压	V_{min}	0V
最高截止电压	V_{max}	2.7V

针对超级电容三维结构储能过程中的导热及对流换热过程，为了得到内部温度分布，需要建立超级电容三维热模型。如图 5.15(b)所示，计算域由空气内芯、活性区域、铝壳和盖板组成。为了简化计算，做了如下假设：充放电过程中电解

液在内部基本不流动，即导热为内部主要热量传递方式；充放电过程中产热是均匀的，即材料为各向同性；忽略电极和集流体、电极和电解液间的界面热阻；由于上层盖板导热率相较于其他部分极小，盖板相当于绝热材料。

由于超级电容结构在三维柱坐标内是对称的，根据超级电容内部能量传递的关系，可以得到以下能量守恒方程：

$$\frac{\partial\left[\rho C_p T(r,z,t)\right]}{\partial t} = \lambda_r \frac{\partial^2 T(r,z,t)}{\partial r^2} + \frac{\lambda_r}{r}\frac{\partial T(r,z,t)}{\partial r} + \lambda_z \frac{\partial^2 T(r,z,t)}{\partial z^2} + q \tag{5.44}$$

式中，T 为温度；r 为径向坐标；z 为轴向坐标；t 为时间；λ_r 为径向导热系数；λ_z 为轴向导热系数；q 为单位体积产热量。由于超级电容的多层结构（层数为 i），密度 ρ 和定压比热 C_p 定义为

$$\rho = \frac{\Sigma\rho_i V_i}{\Sigma V_i} \tag{5.45}$$

$$C_p = \frac{\Sigma\rho_i C_{pi} V_i}{\rho\Sigma V_i} \tag{5.46}$$

轴向导热系数和径向导热系数可根据热阻进行计算。超级电容的活性区域可表示为负极集流体、负极、隔膜、正极和正极集流体组成的五层圆筒壁，则对于活性区域径向热阻（R'_{thr}）可以表示为

$$
\begin{aligned}
R'_{thr} &= \frac{1}{2\pi\lambda'_r H}\ln\left(\frac{r_{core} + l_c + 2l_e + l_s}{r_{core}}\right) \\
&= \frac{1}{2\pi\lambda_c H}\ln\left(\frac{r_{core} + \dfrac{1}{2l_c}}{r_{core}}\right) + \frac{1}{2\pi\lambda_{er} H}\ln\left(\frac{r_{core} + \dfrac{1}{2l_c} + l_e}{r_{core} + \dfrac{1}{2l_c}}\right) \\
&\quad + \frac{1}{2\pi\lambda_s H}\ln\left(\frac{r_{core} + \dfrac{1}{2l_c} + l_e + l_s}{r_{core} + \dfrac{1}{2l_c} + l_e}\right) + \frac{1}{2\pi\lambda_{er} H}\ln\left(\frac{r_{core} + \dfrac{1}{2l_c} + 2l_e + l_s}{r_{core} + \dfrac{1}{2l_c} + l_e + l_s}\right) \\
&\quad + \frac{1}{2\pi\lambda_c H}\ln\left(\frac{r_{core} + l_c + 2l_e + l_s}{r_{core} + \dfrac{1}{2l_c} + 2l_e + l_s}\right)
\end{aligned}
\tag{5.47}
$$

式中，λ_r' 为活性区域径向导热系数；r_{core} 为空气内芯半径；l_c、l_e、l_s 分别为集流体、电极和隔膜厚度；λ_c、λ_{er}、λ_s 分别为集流体、电极和隔膜径向导热系数；H 为高度。

另一方面，轴向热阻（R_{thz}'）的倒数可以表示为

$$\frac{1}{R_{thz}'} = \frac{1}{\dfrac{H}{\lambda_z'\pi\left[\left(r_{core}+l_c+2l_e+l_s\right)^2 - r_{core}^2\right]}}$$

$$= \frac{1}{\dfrac{H}{\lambda_c\pi\left[\left(r_{core}+\dfrac{1}{2l_c}\right)^2 - r_{core}^2\right]}} + \frac{1}{\dfrac{H}{\lambda_{ez}\pi\left[\left(r_{core}+\dfrac{1}{2l_c}+l_e\right)^2 - \left(r_{core}+\dfrac{1}{2l_c}\right)^2\right]}}$$

$$+ \frac{1}{\dfrac{H}{\lambda_s\pi\left[\left(r_{core}+\dfrac{1}{2l_c}+l_e+l_s\right)^2 - \left(r_{core}+\dfrac{1}{2l_c}+l_e\right)^2\right]}}$$

$$+ \frac{1}{\dfrac{H}{\lambda_{ez}\pi\left[\left(r_{core}+\dfrac{1}{2l_c}+2l_e+l_s\right)^2 - \left(r_{core}+\dfrac{1}{2l_c}+l_e+l_s\right)^2\right]}}$$

$$+ \frac{1}{\dfrac{H}{\lambda_c\pi\left[\left(r_{core}+l_c+2l_e+l_s\right)^2 - \left(r_{core}+\dfrac{1}{2l_c}+2l_e+l_s\right)^2\right]}} \tag{5.48}$$

式中，λ_z' 为活性区域轴向导热系数。

整个计算区域内的径向热阻（R_{thr}）为

$$R_{thr} = \frac{1}{2\pi\lambda_r H}\ln\left(\frac{r_0}{r_{core}}\right) = \frac{1}{2\pi\lambda_r' H}\ln\left(\frac{r_0-l_a}{r_{core}}\right) + \frac{1}{2\pi\lambda_a H}\ln\left(\frac{r_0}{r_0-l_a}\right) \tag{5.49}$$

即径向导热系数（λ_r）为

$$\lambda_r = \frac{\ln\left(\dfrac{r_0}{r_{core}}\right)}{\dfrac{1}{\lambda_r'}\ln\left(\dfrac{r_0-l_a}{r_{core}}\right) + \dfrac{1}{\lambda_a}\ln\left(\dfrac{r_0}{r_0-l_a}\right)} \tag{5.50}$$

式中，r_0 为外径；l_a 为铝壳厚度；λ_a 为铝壳导热系数。

整个计算区域内的轴向热阻 (R_{thz}) 的倒数为

$$\frac{1}{R_{\text{thz}}} = \frac{1}{\dfrac{H}{\lambda_z \pi \left[r_0^2 - r_{\text{core}}^2 \right]}} = \frac{1}{\dfrac{H}{\lambda_z \pi \left[(r_0 - l_a)^2 - r_{\text{core}}^2 \right]}} + \frac{1}{\dfrac{H}{\lambda_a \pi \left[r_0^2 - (r_0 - l_a)^2 \right]}} \quad (5.51)$$

即轴向导热系数 (λ_z) 为

$$\lambda_z = \frac{\lambda_z' \left[(r_0 - l_a)^2 - r_{\text{core}}^2 \right] + \lambda_a \left[r_0^2 - (r_0 - l_a)^2 \right]}{r_0^2 - r_{\text{core}}^2} \quad (5.52)$$

式 (5.44) 中最后一项为单位体积产热量，需要进行超级电容的产热分析。产热包含焦耳热和吸附热：

$$Q_{\text{generation}} = Q_{\text{Joule}} + Q_{\text{entropy}} \quad (5.53)$$

基于焦耳定律，焦耳热与电流和阻抗紧密相关，具有以下关系：

$$Q_{\text{Joule}} = I^2 \times \text{ESR} \quad (5.54)$$

式中，ESR 为等效串联电阻；I 为施加的电流。

在传统模型中，超级电容的等效串联电阻在充放电过程中被视为恒定值，而实际上却取决于工作温度和条件[15, 16]。通过对 350F 超级电容运行期间等效串联电阻的变化进行实时测量，得到等效串联电阻与工作温度 (T) 和电流 (I) 之间的解析关系式：

$$\text{ESR} = 0.05035 - 0.002151 \times I - 0.000126 \times T + 0.000006304 \times T \times I \quad (5.55)$$

基于此，焦耳热的表达式为

$$\begin{aligned} \frac{\mathrm{d}Q_{\text{Joule}}}{\mathrm{d}t} &= I^2 \times (0.05035 - 0.002151 \times I - 0.000126 \times T + 0.000006304 \times T \times I) \\ &= 0.05035I^2 - 0.002151I^3 - 0.000126I^2T + 0.000006304I^3T \end{aligned} \quad (5.56)$$

根据式 (5.23) 吸附热的表达式中，界面有效厚度通过分子动力学模拟获得，正极 (d_{EDL}^+) 和负极 (d_{EDL}^-) 的界面有效厚度分别为 0.810nm 和 0.771nm。另外，根据超级电容工作的环境条件，可得到以下边界条件：

$$T(r, z, t)\big|_{t=0} = T_{\text{amb}} \quad (5.57)$$

$$\lambda_r \left. \frac{\partial T(r,z,t)}{\partial r} \right|_{r=0} = 0 \tag{5.58}$$

$$-\lambda_a \left. \frac{\partial T(r,z,t)}{\partial r} \right|_{r=r_0} = 0 \tag{5.59}$$

$$-\lambda_a \left. \frac{\partial T(r,z,t)}{\partial z} \right|_{z=0} = 0 \tag{5.60}$$

$$-\lambda_a \left. \frac{\partial T(r,z,t)}{\partial r} \right|_{r=r_0} = h_{total} \left[T(r,z,t) - T_{amb} \right] \tag{5.61}$$

$$-\lambda_a \left. \frac{\partial T(r,z,t)}{\partial z} \right|_{z=0} = h_{total} \left[T(r,z,t) - T_{amb} \right] \tag{5.62}$$

式中，h_{total} 为总传热系数，即

$$h_{total} = h_{conv} + h_{rad} \tag{5.63}$$

式中，h_{conv} 为自然对流传热系数；h_{rad} 为辐射传热系数。

对于自然对流，努塞尔数（Nusselt number，Nu）与瑞利数（Rayleigh number，Ra）的关联式为

$$Nu = C \cdot Ra^n = C \cdot (Pr \times Gr)^n \tag{5.64}$$

式中

$$Nu = \frac{h_{conv} D_0}{\lambda_{air}} \tag{5.65}$$

$$Pr = \frac{C_{pair} \mu_{air}}{\lambda_{air}} \tag{5.66}$$

$$Gr = \frac{D_0^3 \rho_{air}^2 g \alpha (T_s - T_{amb})}{\mu_{air}^2} \tag{5.67}$$

式中，D_0 为外径；λ_{air} 为空气的导热系数，μ_{air} 为空气的动力黏度；C_{pair} 为空气的定压比热；ρ_{air} 为空气的密度；g 为重力加速度；α 为体积膨胀系数。当 $10^4 \leqslant Ra \leqslant 10^9$，$C = 0.53$，$n = 1/4$；当 $10^9 \leqslant Ra \leqslant 10^{12}$，$C = 0.13$，$n = 1/3$。

对于辐射换热：

$$Q_{rad} = \varepsilon\sigma(T_s^4 - T_{amb}^4) = h_{rad}(T_s - T_{amb}) \tag{5.68}$$

即

$$h_{rad} = \varepsilon\sigma(T_s - T_{amb})(T_s^2 + T_{amb}^2) \tag{5.69}$$

式中，ε 为表面发射率；σ 为 Stefan-Boltzmann 常数。

此外，三维热模型中所涉及的参数包括各材料的物性参数，具体可参见表 5.2。

表 5.2 材料特性

材料	特性	符号	值
活性炭	密度	ρ_e	843kg/m³
	定压比热	C_{pe}	—
	导热系数	λ_e	
纤维素	密度	ρ_s	415kg/m³
	定压比热	C_{ps}	—
	导热系数	λ_s	
铝	密度	ρ_a/ρ_c	2700kg/m³
	定压比热	C_{pa}/C_{pc}	898.15J/(kg·K)
	导热系数	λ_a/λ_c	237W/(m·K)

其中，固体介质和隔膜的热力学参数（导热系数和定压比热）由实验测得，见图 5.16。

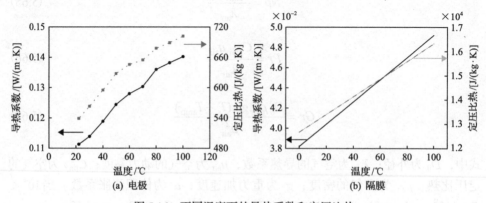

图 5.16 不同温度下的导热系数和定压比热

　　为了验证上述电化学-热耦合模型的准确性，分别测试了超级电容在绝热和自然对流条件下充放电过程中的温度变化，如图 5.17 所示。相比于德国亚琛工业大学 Schiffer 等[17]提出的采用 1nm 界面有效厚度假设的传统模型，本模型与实验结果吻合度更高。在绝热条件下与实验的误差从 9.89%降低到 2.14%，自然对流条件下误差从 3.04%降低到 1.58%。

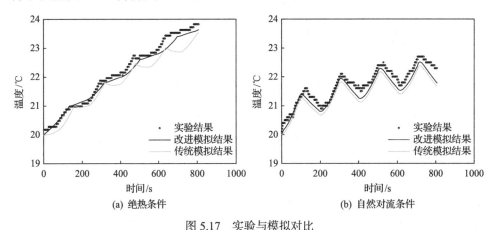

图 5.17　实验与模拟对比

5.2.3　人工神经网络模型

　　除了单个储能单元外，准确预测整个储能模组的热性能在实际热管理中也至关重要。尽管多尺度电化学-热耦合模型能够准确地描述超级电容的热效应，但计算整个模组的产热情况需要消耗大量的时间和资源。人工神经网络(artificial neural network，ANN)是 20 世纪 80 年代以来人工智能领域兴起的研究热点，从信息处理角度对人脑神经元网络进行抽象，可通过多层神经元对输入和输出矢量之间的非线性关系进行建模，为解决复杂的工程问题开辟了新的途径。

　　图 5.18(a)展示了由一个输入层、一些隐藏层和一个输出层组成的标准神经网络模型结构，其通过多层神经元对输入和输出矢量之间的非线性关系进行建模[18]。近年来，学者们已经构建了许多不同的神经网络架构来预测热效应，如标准深度神经网络(deep neural networks)、递归神经网络(recurrent neural networks)、条件生成式对抗神经网络(conditional generative adversarial neural networks)和深层前馈神经网络(deep feedforward neural networks)等。与传统方法相比，神经网络通过构建神经元之间的连接，以达到快速预测热负荷和传热特性的高度非线性映射。正是由于这些优异的性能，神经网络已成功地应用于锂离子电池的设计和热性能预测，但是尚未大面积应用于大功率超级电容的热管理。

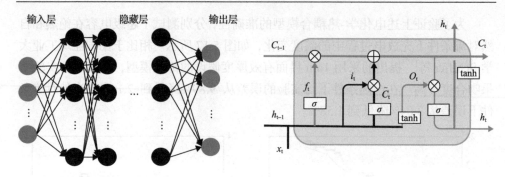

(a) 多层人工神经网络　　　　　　　　(b) 长短期记忆网络神经网络结构单元

图 5.18　神经网络结构示意图

由于超级电容在充放电过程中的温度变化具有时间关联性，故而需要选用递归神经网络。此处采用的长短期记忆网络 (long short-term memory networks，LSTM)，是递归神经网络的一种特殊形式，用于处理顺序数据。与传统的递归神经网络相比，LSTM 旨在通过引入三个附加的门和一个存储单元来解决梯度消失或爆炸的问题[19]。一个 LSTM 结构单元的示意图如图 5.18 (b) 所示。它包含一个遗忘门 (f_t)、一个外部输入门 (i_t)、一个输出门 (o_t) 和一个存储单元 (C_t)。LSTM 单元通过设计两个门来控制存储单元状态下的信息量 [式 (5.70)]：一个是遗忘门 [式 (5.71)]，用于确定在前一刻需要传递给下一时间步骤的信息量；另一个是外部输入门 [式 (5.72)、式 (5.73)]，用于确定保存到单元状态的当前时刻的输入量。LSTM 单元还设计了一个输出门 [式 (5.74)] 以控制导出的信息。时间序列上的最终输出由单元状态和输出门 [式 (5.75)] 确定。

$$C_t = f_t \cdot C_{t-1} + i_t \widetilde{C}_t \tag{5.70}$$

$$f_t = \sigma(W_f \cdot [h_{t-1}, x_t] + b_f) \tag{5.71}$$

$$i_t = \sigma(W_i \cdot [h_{t-1}, x_t] + b_i) \tag{5.72}$$

$$\widetilde{C}_t = \tanh(W_C \cdot [h_{t-1}, x_t] + b_C) \tag{5.73}$$

$$o_t = \sigma(W_o \cdot [h_{t-1}, x_t] + b_o) \tag{5.74}$$

$$h_t = o_t \cdot \tanh(C_t) \tag{5.75}$$

式中，C_t 为存储单元值；x_t 为输入；$\widetilde{C}_t$ 为候选值；h_t 为在时间步长 t 处隐藏层的激活值；W_f、W_i、W_o、W_C 分别为计算遗忘门、输入门、输出门和存储候选的权重矩阵；b_f、b_i、b_o、b_C 分别为计算遗忘门、输入门、输出门和存储候选的偏置矢量；$[h_{t-1}, x_t]$ 为 h_{t-1} 和 x_t 的垂直连接；f_t、i_t、o_t 分别为遗忘门、输入门和输出门。

σ 为 sigmoid 激活函数，tanh 为双曲正切激活函数，分别定义为

$$\sigma(x) = 1/\left[1 + \exp(-x)\right] \tag{5.76}$$

$$\tanh(x) = (e^{2x} - 1)/(e^{2x} + 1) \tag{5.77}$$

对超级电容模组进行计算流体力学(computational fluid dynamics，CFD)模拟，并将模拟结果用于训练、验证和测试 LSTM 模型。其中，超级电容模组排布方式选用交错排列，由于这种排布方式具有周期性，因此选择重复的最小单元作为计算域，超级电容相应地标记为 1～8，如图 5.19 所示。空气入口温度为 20℃，其余输入和输出参数如表 5.3 所示。解决网络的算法是 Adam 优化算法，初始学习率为 0.01。

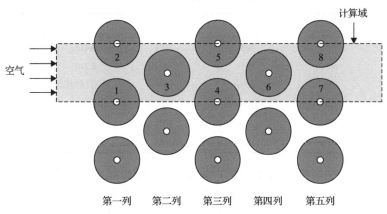

图 5.19　超级电容排布方式示意图

表 5.3　神经网络模型的输入和输出特征

	特征	值
	电流	50～100A
输入	空气入口速度	0～1m/s
	时间	0～2000s
输出	各个超级电容的温度 $(1, 2, 3, \cdots, 8)$	

为了避免在神经网络训练期间的过拟合问题，对不同的数据分配比例进行优化。优化指标为平均绝对误差(mean absolute error，MAE)和均方根误差(root mean square error，RMSE)，通常，较低平均绝对误差值和均方根误差值表示较高的预测准确性。不同数据分配比例下的平均绝对误差和均方根误差见表 5.4。结果表明，当训练集、验证集和测试集的比例分别为 70%、10% 和 20% 时，平均绝对

误差值和均方根误差值达到最小。故而，从有限元模拟得到的 29000 个温度数据中，将 70%的数据用于训练模型，20%用于验证模型，其余 10%的数据用来测试评估 LSTM 模型泛化能力。

$$\text{MAE} = \frac{1}{n}\sum_{i=1}^{n}|y_i - \hat{y}_i| \tag{5.78}$$

$$\text{RMSE} = \sqrt{\frac{1}{n}\sum_{i=1}^{n}(y_i - \hat{y}_i)^2} \tag{5.79}$$

式中，y_i 为实验值；$\hat{y}_i$ 为预测值；n 为样本数量。

表 5.4　不同数据分配比例下的模型预测精度

序号	训练集	验证集	测试集	MAE	RMSE
1	50%	20%	30%	0.4133	0.2839
2	60%	10%	30%	0.2407	0.1288
3	60%	20%	20%	0.1879	0.09597
4	70%	10%	20%	0.1749	0.08669
5	70%	0%	30%	0.2234	0.1183
6	80%	10%	10%	0.1929	0.1046

同时，神经网络的结构对于整个模型预测过程也起着至关重要的作用，神经网络在应用前需对其结构进行选择与优化。由于本节所采用的神经网络各层神经元之间具有倍数关系，故而只选用第一层隐藏层的神经元数目作为因变量，训练集和验证集的平均绝对误差值和均方根误差值随着训练次数的变化关系见图 5.20 和图 5.21。训练集和验证集的平均绝对误差值和均方根误差值在训练初期均迅速

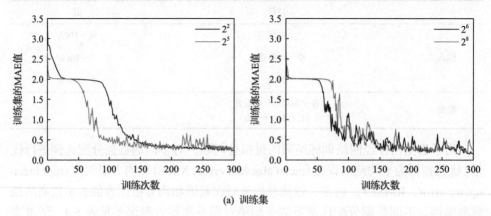

(a) 训练集

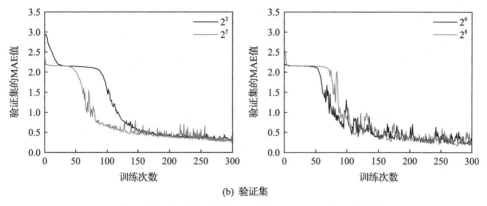

(b) 验证集

图 5.20　第一个隐藏层中不同神经元数量下 MAE 随训练次数的变化

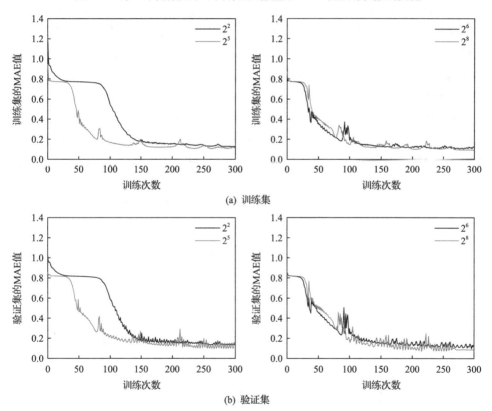

(a) 训练集

(b) 验证集

图 5.21　第一个隐藏层中不同神经元数量下 RMSE 随训练次数的变化

减小，随着训练次数的增加而逐渐趋于收敛。结果表明，第一个隐藏层中神经元数量为 2^5、2^6 和 2^8 时，平均绝对误差值相对较低，第一个隐藏层中神经元数量为 2^5 和 2^6 时，均方根误差值相对较低，模型具有较好的预测能力。训练次数达到 300 后，第一个隐藏层不同神经元数量下测试集的平均绝对误差值和均方根误差值见

表 5.5。从表中可以看出,当第一隐藏层中神经元的数量为 2^5 时,平均绝对误差值和均方根误差值达到最小,分别为 0.1679 和 0.07597。因此,综合神经网络预测性能和训练时间等因素,第一个隐藏层中神经元的最佳数量为 2^5,可以在较短的时间内准确地预测超级电容模组的热性能。

表 5.5　第一个隐藏层中不同神经元数量下测试集的 MAE 值和 RMSE 值

指标	训练次数			
	2^2	2^5	2^6	2^8
MAE	0.1914	0.1679	0.2526	0.2238
RMSE	0.08106	0.07597	0.1389	0.09953

除神经元个数外,神经网络的性能也受其他超参的影响。基于数据集来调整和测试包括 LSTM 记忆单元数量和批量大小在内的超参,以实现最小误差。通过测试表明,针对本例记忆单元的数量范围为 8、32、64 和 128,批量的大小范围为 4、16 和 32 时具有较好的预测效果。故而对其进行排列组合后进行实验来确定最优的超参组合。图 5.22 展示了超参数组合下的训练集和验证集平均绝对误差值随训练次数变化的情况。可以看出,平均绝对误差值在训练次数达到大约 100 次时迅速减小,随着训练次数的增加而逐渐趋于收敛。而训练集和验证集的均方根误差值在不同超参数组合下随训练次数变化的情况见图 5.23,均方根误差值在训练次数达到大约 75 次时迅速减小,随着训练次数的增加而逐渐趋于收敛。训练次数达到 300 后,不同超参下测试集的平均绝对误差值和均方根误差值见表 5.6,其中超参组合表示为[神经元个数,批量大小]。可以得出,记忆单元数量越小,批量越大,模型泛化能力越差。因此当记忆单元数为 64,批量为 4 时可以达到最好的预测性能,此时测试集的平均绝对误差值和均方根误差值分别为 0.1458 和 0.07046。

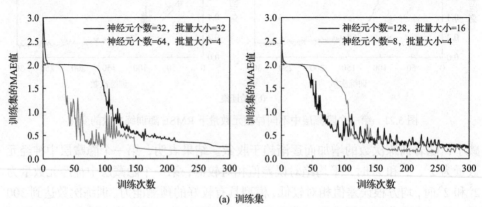

(a) 训练集

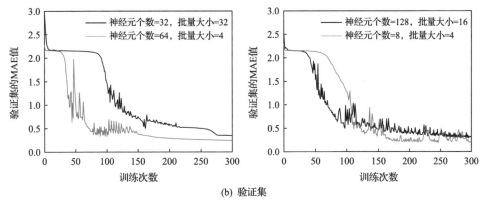

(b) 验证集

图 5.22　不同超参下 MAE 随训练次数的变化

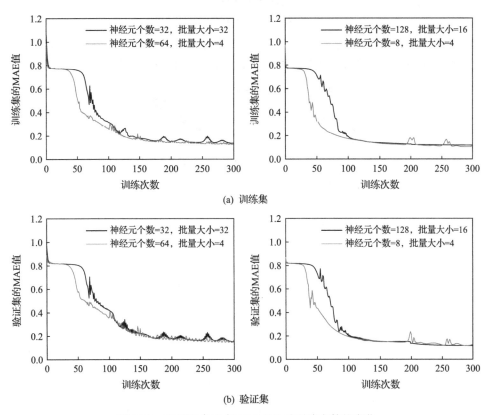

图 5.23　不同超参组合下 RMSE 随训练次数的变化

表 5.6　不同超参组合下测试集的平均绝对误差值和均方根误差值

指标	组合			
	[32, 32]	[64, 4]	[128, 16]	[8, 4]
MAE	0.2458	0.1458	0.2602	0.3083
RMSE	0.1201	0.07046	0.1429	0.2057

　　在得到了最优的神经网络结构和超参组合后，用其对超级电容在充放电过程中的温度变化进行预测。测试采用的充放电电流为 84A，冷却空气入口速度为 0.82m/s。如图 5.24(a) 所示，横坐标为实际超级电容在某时刻下的平均温度，纵坐标为超级电容平均温度的 LSTM 预测值。若 LSTM 预测与模拟结果完全匹配，LSTM 预测线的斜率应为 1。显然，来自神经网络的预测结果与数值模拟数据基本吻合，表明了训练模型的预测准确性和泛化能力。图 5.24(b) 展示了 LSTM 对于 8 个超级电容的预测温度值与实际温度值的绝对误差随充放电时间的变化。对于所有的测试组而言，绝对误差值分布在 0.04226~0.7835 之间，进一步说明所构建的 LSTM 模型具有很好地泛化能力，采用这种方法训练的 LSTM 模型可用于替代实验检测和数值模拟，来快速预测超级电容储能过程中的热效应。

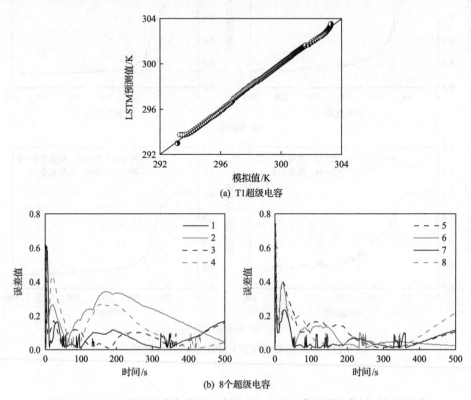

(a) T1超级电容

(b) 8个超级电容

图 5.24　LSTM 预测温度与实际温度的对比和测试集的误差值随时间的变化

　　通过深度学习模型，进一步建立了空气冷却条件下每个超级电容在充放电过程中的温度数据库(图 5.25)，以获得在不同充放电电流、冷却空气流速和循环时间下的温度。图 5.25(a)表示当空气进口流速为 0.4m/s 时，模组中标记为 1 的超级电容平均温度随电流和循环时间的变化。图 5.25(b)表示当电流为 75A 时，模组中标记为 1 的超级电容平均温度随空气进口流速和循环时间的变化。图 5.25(c)表示当循环时间为 100s 时，模组中标记为 1 的超级电容平均温度随电流和空气进口流速的变化。

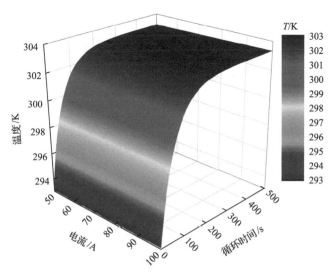

(a) 空气进口流速为0.4m/s

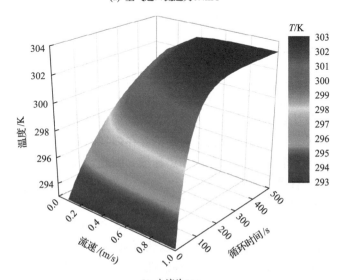

(b) 电流为75A

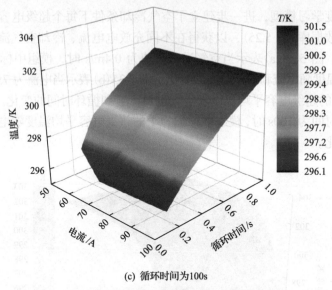

(c) 循环时间为100s

图 5.25　不同条件下超级电容的预测温度

5.3　储能产热调控方法

焦耳效应产热是导致超级电容在充放电过程中温度升高的主要原因。焦耳热的本质是电解液离子在输运过程中与其他离子、溶剂分子、固体介质发生非弹性碰撞而导致的能量损失，本节重点讲述从提高界面电子输运能力和降低离子与固体介质之间非弹性碰撞的角度来降低焦耳热的方法。

5.3.1　材料孔径与离子尺寸的匹配

在固液静电吸附储能过程中，电解液离子向固体介质表面传输和吸附，以实现电能的存储。当固相介质的孔道结构缩小到纳米尺寸时，会呈现出显著的尺寸效应，如离子会发生部分去溶剂化现象。去溶剂层过程会阻碍离子传输，带来严重的焦耳热。另外，离子在纳米通道内传输存在强烈的离子拥挤现象，导致传输速率缓慢，进而导致较高的储能阻抗和焦耳热。因此，固相介质的孔道结构对储能过程中的热效应有重要影响。

以活性炭为对象，研究纳米孔道尺寸对储能热效应的影响。选用了五种商用活性炭，分别为 YP-50F、YP-80F、ACS-15、ACS-20 和 FD。通过低温氮气吸脱附测试，对吸附等温线进行分析，可以获得活性炭的纳米级孔隙结构特征，如图 5.26(a) 所示。从图中可以发现，五种活性炭的等温吸脱附主要发生在低压段，表明孔隙结构均以小于 2nm 的纳米孔为主。总孔隙容积为相对压力 $P/P_0 = 0.95$ 处对应的孔隙容积，YP-50F、YP-80F、ACS-15、ACS-20 和 FD 的总孔隙容积分别为 0.743cm³/g、1.085cm³/g、0.721cm³/g、0.887cm³/g 和 0.86cm³/g。针对等温线低压段，根据 Brunauer-Emmett-Teller 方程计算得到 YP-50F、YP-80F、ACS-15、ACS-20 和 FD 活性炭的比表面积分别为 1482.1m²/g、1665.8m²/g、1499.3m²/g、1727.1m²/g 和 1681.9m²/g。

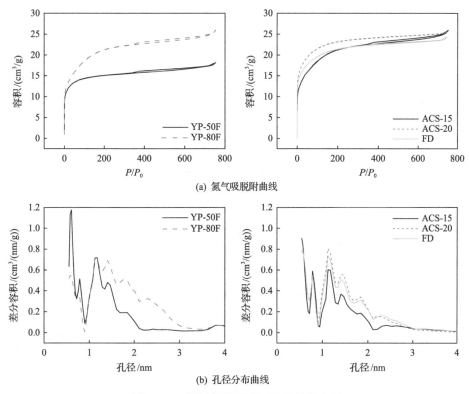

(a) 氮气吸脱附曲线

(b) 孔径分布曲线

图 5.26　五种商用活性炭的孔隙结构表征

使用淬火固体密度泛函理论模型，计算活性炭的孔径分布。如图 5.26(b) 所示，五种活性炭在 <2nm 的区间均表现出两个明显的峰值。因为平均孔径可定义为 50% 孔隙容积对应的孔径，可根据孔径分布曲线计算获得每种活性炭的平均孔径。YP-50F、YP-80F、ACS-15、ACS-20 和 FD 活性炭的平均孔径分别为 1.93nm、2.11nm、2.06nm、1.91nm 和 1.96nm。

使用 1mol/L 四乙基四氟硼酸铵/乙腈有机电解液体系，将上述活性炭组装成纽扣型超级电容，并开展电化学储能测试。10A/g 充放电电流密度所对应的恒电流充放电曲线如图 5.27(a) 所示，可以发现曲线保持较好的等腰三角形形状，表明超级电容具有较理想的双电层电容储能特征。库仑效率的定义为恒电流充放电过程中放电时间与充电时间之比，可反映超级电容的循环可逆性。计算获得 YP-50F、

YP-80F、ACS-15、ACS-20 和 FD 活性炭超级电容的库仑效率分别为 99.4%、98.4%、97.7%、95.1%和 94%，说明上述五种超级电容能够在 2.5V 电压窗口范围内稳定工作。

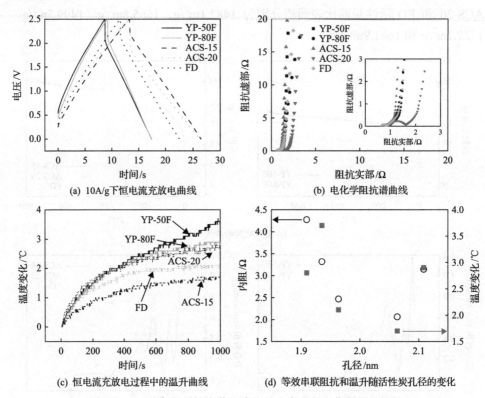

(a) 10A/g下恒电流充放电曲线　　　　　　　(b) 电化学阻抗谱曲线

(c) 恒电流充放电过程中的温升曲线　　　(d) 等效串联阻抗和温升随活性炭孔径的变化

图 5.27　五种商用活性炭装配成超级电容后的电化学测试结果

在 10A/g 充放电电流密度下，YP-50F、YP-80F、ACS-15、ACS-20 和 FD 活性炭超级电容放电初始阶段的电压降分别为 0.428V、0.391V、0.254V、0.501V 和 0.317V；储能内阻分别为 3.32Ω、3.15Ω、2.07Ω、4.27Ω 和 2.47Ω。进一步分析储能内阻随平均孔径的变化规律，当平均孔径从 1.91nm 增大至 2.06nm 时，电压降从 0.5V 减小到 0.25V，内阻从 4.27Ω 降低至 2.06Ω；当平均孔径继续从 2.06nm 增大至 2.11nm 时，电压降从 0.25V 增大至 0.39V，内阻从 2.06Ω 增大至 3.15Ω。

通过电化学阻抗谱测试，对活性炭内部离子和电子传输特性进行分析，所获得的 Nyquist 曲线如图 5.27(b) 所示。其中高频区域表示等效串联电阻 (R_s)，中频区域半圆弧段为固体介质内部的电荷转移阻抗 (R_{ct})，低频区域表示电解液离子在固体介质孔隙结构内的 Warburg 阻抗 (R_w)。从图 5.27(b) 中可以发现，五种活性炭的等效串联阻抗几乎相等，这是由于其主要与电解液导电性和装配方式有关。在 Nyquist 曲线中，由于 ACS-20 活性炭的孔径最小(1.91nm)，显著的孔尺寸效应导致超级电容阻抗最大。当活性炭孔径从 1.91nm 增大至 2.06nm 时，离子传输阻抗从 0.7Ω 减小至 0.15Ω；当活性炭孔径从 2.06nm 提高至 2.11nm 时，离子传输阻抗从 0.15Ω 增大至 0.24Ω。为了进一步定量分析各阻抗成分，根据图 5.27(b) 中的超级电容等效模型对 Nyquist 曲线进行阻抗谱拟合，结果见表 5.7。可以看出 YP-50F、YP-80F、ACS-15、ACS-20 和 FD 活性炭超级电容的固体介质内部的电荷转移阻抗分别为 0.256Ω、0.239Ω、0.068Ω、0.701Ω 和 0.216Ω，主要由活性炭自身导电性决定；拟合获得的固体介质孔隙结构内的 Warburg 阻抗分别为 0.487Ω、0.316Ω、0.238Ω、0.473Ω 和 0.428Ω。

表 5.7　五种活性炭超级电容的等效模型阻抗成分拟合值

电极	R_s/Ω	R_{ct}/Ω	R_w/Ω
YP-50F	0.693	0.256	0.487
YP-80F	0.624	0.239	0.316
ACS-15	0.686	0.068	0.238
ACS-20	0.91	0.701	0.473
FD	0.642	0.216	0.428

在近似绝热体系下，分别对五种活性炭超级电容开展储能产放热特性测试。采用 10A/g 恒流密度对超级电容进行循环充放电测试时，记录表面温度变化规律，结果如图 5.27(c) 所示。随着充放电过程进行，五种活性炭超级电容表面温度先升高后趋于平稳。经过 1000s 的充放电后，YP-50F、YP-80F、ACS-15、ACS-20 和 FD 活性炭对应的最大温升分别为 3.7℃、2.9℃、1.7℃、2.8℃和 2.1℃。图 5.27(d) 对比了超级电容储能内阻和表面温升随活性炭孔径的变化趋势，发现两者近似呈正相关，即储能内阻越大温升越大。当活性炭平均孔径从 1.91nm 增加至 2.06nm 时，储能温升从 3.7℃减小至 1.7℃；当活性炭平均孔径从 2.06nm 增加至 2.11nm 时，温升从 1.7℃增大至 2.9℃。对于两种平均孔径尺寸较小的材料(YP-50F 和 ACS-20)，其有效孔尺寸略大于阳离子溶剂化直径，离子在静电吸附过程中会脱除部分溶剂层，这会降低离子传输速率，提高超级电容储能产热。上述研究成果表明，对于在 1mol/L 四乙基四氟硼酸铵/乙腈有机电解液体系下最优的活性炭孔径尺寸为 2.06nm，此时电解液离子向固体介质表面吸附过程中具有最小内阻，进而储能过程中焦耳效应产热也最少。因此，优化电极形貌，合理调控固体介质孔径大小能够有效降低超级电容储能过程中焦耳效应产热。

除了根据离子尺寸对固体介质的孔径大小进行匹配设计，调节固体介质的孔隙类型也能够提升固液界面离子传输，并降低储能阻抗。石墨烯作为一种典型的二维纳米固体介质，含有丰富的平板型纳米孔道，而活性炭则是圆柱孔固体介质的代表。此处以上述两种固体介质为例，讨论孔隙类型对储能热效应的影响，分别组装了以石墨烯薄膜和活性炭为固体介质的纽扣型超级电容,并在绝热条件下对其进行热效应测试。测试采用恒电流循环充放电,电流密度设置为10A/g。在超级电容表面附着3个精度为0.1℃的热电偶,用平均值表征其表面温度。如图5.28所示,表面温度缓慢上升,最终达到稳定,说明产热量和散热量达到动态平衡。经过1800s的循环充放电后,活性炭超级电容的表面温度上升了1.59℃,相较之下,石墨烯超级电容的表面温度上升较小,仅0.95℃。在实际应用中,超级电容通常以并联方式连接以获得更高的储能,所以对四个并联的纽扣电容进行了产热实验,充放电过程的电流密度保持为10A/g。如图5.28(b)所示,在并联系统中,四个电池的热量积累导致了更明显的温升。石墨烯电池表面温度升高了6.25℃,而活性炭电池表面温度升高了9.57℃。这表明随着超级电容集成数量的增加,温升和产热现象变得更加显著。

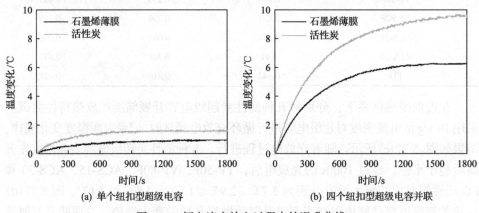

(a) 单个纽扣型超级电容　　　　　　　　(b) 四个纽扣型超级电容并联

图 5.28　恒电流充放电过程中的温升曲线

活性炭超级电容的热效应更显著,主要是其较大的阻抗所导致。如图5.29所

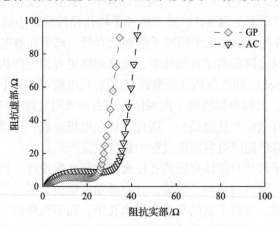

图 5.29　活性炭和石墨烯超级电容的阻抗谱

示，分别对以上两种电极组装的超级电容进行阻抗特性测试，两种超级电容器在低频区域的垂直形状表明了理想的电容行为。可以发现活性炭超级电容 Nyquist 曲线中的半圆弧明显大于石墨烯超级电容，故而石墨烯超级电容比活性炭超级电容具有更低的电荷转移电阻和电荷传输电阻。因此，调控固体介质的孔隙类型也是改善离子输运特性、减少固液静电吸附储能产热的一个方法。

5.3.2　石墨烯导电桥增强界面电子输运

在石墨烯超级电容储能体系中，固体介质为石墨烯薄膜，集流体通常为金属薄片，两者直接贴合，形成石墨烯与集流体接触的固/固界面。尽管在外力挤压的作用下，两者贴合较为紧密，但从微观的角度看，任何固体表面都不是绝对平整的，根据经典 Holm 接触理论，当两个表面贴合时，仅有有限的位点形成有效的接触，这种表面之间的不连续接触会引起电流向有限接触点收缩，形成接触电阻。因此，石墨烯与集流体之间仅形成了少量的有效接触点，并呈现出较大的固/固界面接触电阻。降低界面接触电阻的技术路径包括增加有效接触点和增强接触点的电子输运能力，即提高界面的接触质量。

为了降低界面接触内阻，将垂直取向石墨烯(vertically-oriented graphenes，VGs)嵌入超级电容固体介质与集流体的间隙。如图 5.30(a)所示，通过等离子体增强化学气相沉积(plasma-enhanced chemical vapor deposition，PECVD)法，垂直取向石墨烯直接生长在集流体(镍金属片)的上表面，形成纳米薄片结构，其中镍金属片(集流体)作为垂直取向石墨烯生长的基底。在生长的过程中，等离子体产生垂直于基底表面的电场，引导活性碳粒子沿着电场线构筑石墨烯的骨架，使石墨烯纳米片的生长方向垂直于基底表面。如图 5.30(b)的扫描电子显微镜图(scanning electron microscope，SEM)所示，石墨烯纳米片垂直于底部的镍基底，其生长高度可通过生长时间调控，从截面图可以看到，经过 3min 的生长，垂直取向石墨烯的厚度达 2.7μm。图 5.30(c)为垂直取向石墨烯的俯视图，可以看到其薄片、尖锐边缘的结构。密集的尖端结构及石墨烯本身良好的柔性，使其可以作为空隙的填充物，以增加两个固体表面的有效接触点。另一方面，在等离子体环境下，前驱气体分解的碳粒子和镍表面的原子都处于高活性状态，在垂直取向石墨烯生长的初期，与底部的镍金属片以共价键连接，如图 5.30(d)所示，形成互溶结构。

将生长了垂直取向石墨烯的镍片作为集流体，石墨烯薄膜作为固体介质，组装成纽扣型超级电容并进行电化学性能测试。同时，作为对比，组装了以单纯的镍片作为集流体、以石墨烯薄膜作为固体介质的纽扣型超级电容。为方便讨论，以下将在固体介质与集流体界面植入垂直取向石墨烯的结构简称为 GP-VG-Ni，而将对比组简称为 GP-Ni。分别对两种超级电容进行恒流充放电测试，基于固体

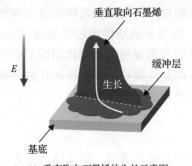

(a) 垂直取向石墨烯的生长示意图

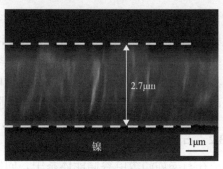

(b) 垂直取向石墨烯的截面SEM图

(c) 垂直取向石墨烯的俯视SEM图

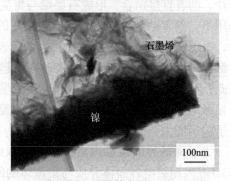

(d) 垂直取向石墨烯-镍连接界面的TEM图

图 5.30　垂直取向石墨烯的生长机理与形貌表征

介质的横截面积，电流密度设置了四个梯度，分别为 2mA/cm^2、4mA/cm^2、10mA/cm^2 和 20mA/cm^2。如图 5.31 所示，在放电初期，存在电压明显下降的现象，将电压下降的数值称为 IR 降，IR 降是超级电容存在内阻的一种体现。当电流密度为 2mA/cm^2 时，GP-VG-Ni 的比电容为 106.7F/g，IR 降为 0.09V；GP-Ni 的比电容为 97.8F/g，IR 降为 0.22V。随着电流密度的增加，比电容值呈下降的趋势，IR 降呈

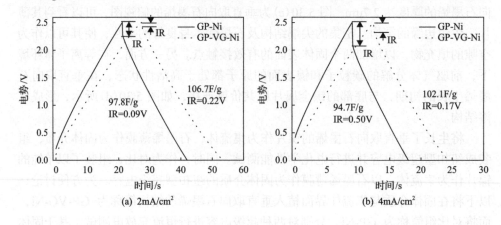

(a) 2mA/cm^2　　　　　　　　　　　　　(b) 4mA/cm^2

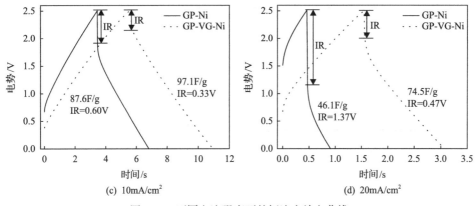

图 5.31　不同电流强度下的恒流充放电曲线

增大的趋势。当电流密度增加到 20mA/cm² 时, GP-VG-Ni 的比电容为 74.5F/g, IR 降为 0.47V; GP-Ni 的比电容为 46.1F/g, IR 降为 1.37V。相较之下, GP-VG-Ni 超级电容的电容衰减和 IR 降增幅都相对较小, 即在相同的充放电电流密度下, GP-VG-Ni 始终表现出更高的比电容及更小的 IR 降。因为电流密度(I)一致, IR 降数值越大表明该超级电容的阻抗(R)也越大。显然, GP-VG-Ni 超级电容的阻抗明显低于 GP-Ni。所以, 在固体介质与集流体的交界面植入垂直取向石墨烯, 可以提高储能比电容, 同时减小阻抗。

　　分别对两种超级电容进行热特性测试。将纽扣型超级电容放在绝热夹层内, 并采用恒流循环充放电, 实时监测超级电容表面的温度。充放电电流密度继续采用 2mA/cm²、4mA/cm²、10mA/cm² 和 20mA/cm²。如图 5.32 所示, 当电流密度为 2mA/cm² 时, GP-VG-Ni 与 GP-Ni 超级电容的温升均不明显, 这是因为实验所采用的绝热方式无法完全避免热流的散失, 而电容本身在低充放电电流强度下的产热极少, 所导致的温升也较小。当电流密度为 4mA/cm² 时, 30min 后, GP-Ni 电容的表面温度上升了 0.96℃, 而 GP-VG-Ni 超级电容的温度几乎没有变化 (0.36℃)。当电流密度上升到 10mA/cm² 时, GP-VG-Ni 超级电容的表面温度上升了 1.23℃, 而 GP-Ni 超级电容的温升较高, 为 3.00℃, 是 GP-VG-Ni 超级电容的 2.44 倍。当电流密度继续上升到 20mA/cm² 时, 经过 30min 的循环充放电, GP-Ni 超级电容的表面温度升高了 7.74℃, 也明显高于 GP-VG-Ni 超级电容的 4.14℃。综合结果可知, 在固体介质与集流体的交界面植入垂直取向石墨烯, 能够显著降低超级电容储能过程中的产热。因为采用了相同的固体介质(石墨烯薄膜)及相同的电解液, 导致产热降低的主要原因归结于对固相介质部分焦耳热的减少。

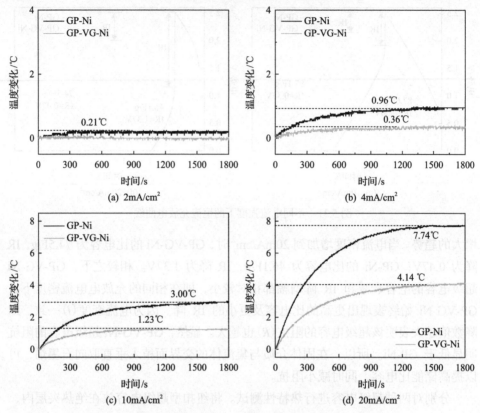

图 5.32　不同电流强度循环充放电时超级电容表面的温度变化

进一步对两种电容器进行阻抗特性测试及等效阻抗拟合，发现 GP-VG-Ni 超级电容的集流体和活性材料之间的界面接触电阻仅为 1.787Ω，显著小于 GP-Ni 的 19.96Ω，说明垂直取向石墨烯改善了固体介质与集流体的界面接触质量。一方面，直接生长在集流体表面的垂直取向石墨烯纳米片具有密集的尖端结构和良好的柔性，在作为界面填充物时可以增加有效接触点，降低电流的收缩效应，进而减小接触电阻。另一方面，垂直取向石墨烯与底部的镍片形成互溶结构，通过具有强相互作用的化学键连接。此外，垂直取向石墨烯具有开放的边缘，边缘的碳原子处于不饱和状态，即具有悬挂键，使其更易与其他原子发生相互作用或形成化学键，如与石墨烯薄膜表面的碳原子发生强相互作用，形成紧密的连接。因此，尽管在石墨烯薄膜与集流体之间植入垂直取向石墨烯，会引入两个新的固/固界面（集流体-垂直取向石墨烯、垂直取向石墨烯-石墨烯薄膜），但以上两个界面对电子输运的阻力较小，同时垂直取向石墨烯本身具有优异的电导性，其额外引入的固体电阻可以忽略不计，使电子在 GP-VG-Ni 结构的输运能力强于 GP-Ni，降低了电子输运阻力。因此，在固体介质-集流体交界面植入导电桥（如垂直取向石墨

烯），不仅能增加有效接触点，还能增强电子在界面的输运能力，最终降低了超级
电容的接触电阻和焦耳热。

参 考 文 献

[1] Cheng C, Jiang G, Garvey C J, et al. Ion transport in complex layered graphene-based membranes with tuneable interlayer spacing[J]. Science Advances, 2016, 2(2): e1501272.

[2] He Y D, Huang J S, Sumpter B G, et al. Dynamic charge storage in ionic liquids-filled nanopores: Insight from a computational cyclic voltammetry study[J]. Journal of Physical Chemistry Letters, 2015, 6(1): 22-30.

[3] Plimpton S. Fast parallel algorithms for short-range molecular dynamics[J]. Journal of Computational Physics, 1995, 117(1): 1-19.

[4] Hockney R W, Eastwood J W. Computer Simulation Using Particles[M]. Bristol: CRC Press, 1988.

[5] Breitsprecher K, Holm C, Kondrat S. Charge me slowly, I am in a hurry: Optimizing charge-discharge cycles in nanoporous supercapacitors[J]. ACS Nano, 2018, 12(10): 9733-9741.

[6] Perdew J P. Density-functional approximation for the correlation energy of the inhomogeneous electron gas[J]. Physical Review B, 1986, 33(12): 8822-8824.

[7] Ozaki T, Nishio K, Kino H. Efficient implementation of the nonequilibrium Green function method for electronic transport calculations[J]. Physical Review B, 2010, 81(3): 035116.

[8] Taylor J, Guo H, Wang J. *Ab initio* modeling of quantum transport properties of molecular electronic devices[J]. Physical Review B, 2001, 63(24): 245407.

[9] 林宗涵. 热力学与统计物理学[M]. 北京: 北京大学出版社, 2007.

[10] Yang H C, Bo Z, Yan J H, et al. Influence of wettability on the electrolyte electrosorption within graphene-like nonconfined and confined space[J]. International Journal of Heat and Mass Transfer, 2019, 133: 416-425.

[11] Cheng A L, Steele W A. Computer simulation of ammonia on graphite. I. Low temperature structure of monolayer and bilayer films[J]. Journal of Chemical Physics, 1990, 92(6): 3858-3866.

[12] Monteiro M J, Bazito F F, Siqueira L J, et al. Transport coefficients, Raman spectroscopy, and computer simulation of lithium salt solutions in an ionic liquid[J]. Journal of Physical Chemistry B, 2008, 112(7): 2102-2109.

[13] Wu X P, Liu Z P, Huang S P, et al. Molecular dynamics simulation of room-temperature ionic liquid mixture of bmim [BF_4] and acetonitrile by a refined force field[J]. Physical Chemistry Chemical Physics, 2005, 7(14): 2771-2779.

[14] 李荻. 电化学原理[M]. 3 版. 北京: 北京航空航天大学出版社, 2008.

[15] Gualous H, Bouquain D, Berthon A, et al. Experimental study of supercapacitor serial resistance and capacitance variations with temperature[J]. Journal of Power Sources, 2003, 123(1): 86-93.

[16] Zhang X L, Wang W, Lu J, et al. Reversible heat of electric double-layer capacitors during galvanostatic charging and discharging cycles[J]. Thermochimica Acta, 2016, 636: 1-10.

[17] Schiffer J, Linzen D, Sauer D U. Heat generation in double layer capacitors[J]. Journal of Power Sources, 2006, 160(1): 765-772.

[18] Jennings N R, Wooldridge M J. Foundations of Machine Learning[M]. United States: MIT Press, 2012.

[19] Hochreiter S, Schmidhuber J. Long short-term memory[J]. Neural Computation, 1997, 9(8): 1735-1780.

第 6 章　固液静电吸附储能应用实例

超级电容储能技术是基于固液静电吸附原理的典型应用，以短时间、高功率存储和释放能量为主要特征，是功率型储能技术的代表。固体介质（电极材料）的孔隙结构和性质对固液静电吸附过程的相平衡状态和离子输运特性有重要影响，固液介质的匹配设计是降低过程不可逆性和提升储能性能的关键。近年来，石墨烯和过渡金属碳化物等纳米材料得到了蓬勃发展，这些新型固体介质具有实现高通量物质输运和高效能量存储的潜力。本章通过定向调控孔隙结构，充分利用纳米材料特殊效应，实现高性能超级电容储能应用，主要包括通过垂直取向石墨烯增加边缘区域电子/离子聚集和储能强化，通过孔洞石墨烯和多级赝电容材料缩短离子传输路径并降低输运阻力，通过优化多孔过渡金属碳化物增加纳米尺度孔隙结构和储能有效面积。

6.1　孔洞石墨烯固液静电吸附储能

石墨烯作为二维纳米材料的典型代表，具有高比表面积和优异的导电性，被广泛应用于超级电容储能。然而，石墨烯纳米片层间强烈的相互作用极易导致团聚和孔道堵塞，造成离子输运路径长、传输阻力大和有效利用表面减少等问题。定向设计和构筑离子传输通道，缩短离子输运路径可以有效提升超级电容储能性能。本节介绍了一种具有孔洞结构的石墨烯纳米材料及其构筑方法，以及应用于超级电容储能的电化学测试性能。

6.1.1　材料的构筑与表征

孔洞石墨烯是指一种表面具有孔洞结构的二维纳米材料，其制备过程如图 6.1 所示。首先，使用氧化还原法制备氧化石墨烯（graphene oxide）。量取 25mL 浓硫酸加入烧杯中，加入 1g 高纯鳞片石墨（325 目，质量分数≥99.6%），将烧杯置于冰水浴中搅拌 30min。然后在 2h 内向烧杯中缓慢加入 3.5g 高锰酸钾。接着将烧杯放入 40℃水浴中搅拌 2h。转移烧杯至冰水浴中，缓慢加入 140mL 去离子水和 15mL 浓度为 30% 的过氧化氢溶液，将所得亮黄色混合物液体用去离子水离心水洗多次，直至上层清液的 pH 接近 7。将离心后的沉淀物放入冷冻干燥机中做冻干处理，获得干燥的氧化石墨烯。

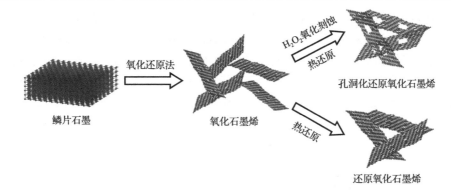

图 6.1　孔洞石墨烯和传统石墨烯的制备流程示意图

然后，采用氧化刻蚀的方法对氧化石墨烯进行孔洞化处理。称取氧化石墨烯溶于去离子水中配制 200mL 浓度为 2mg/mL 的氧化石墨烯溶液，加入 20mL 浓度 30%的过氧化氢溶液，在 100℃油浴锅中持续搅拌并加热 6h。接着将所得混合物液体水洗、离心多次，去除残余的杂质，将沉淀物冻干获得孔洞化氧化石墨烯（holey graphene oxide）。最后，进行高温还原，获得孔洞化处理还原氧化石墨烯（reduced holey graphene oxide），即孔洞石墨烯。将所得孔洞化氧化石墨烯放入水平管式炉中，在 200mL/min 的氩气保护气氛中，以 600℃高温还原 3h，制得孔洞化还原氧化石墨烯，后续简称为孔洞石墨烯。作为对照组样品，对未进行孔洞化处理的氧化石墨烯进行高温还原处理，制得还原氧化石墨烯（reduced graphene oxide），后续简称为普通石墨烯。

使用扫描电子显微镜表征材料的表面形貌特征。如图 6.2 所示，还原后的多孔石墨烯表现出片状结构，单片尺寸可达数十微米。局部放大图显示出石墨烯片层表面褶皱的形貌，这一特征可以在一定程度上减少在电极制备的辊压、封装过程中石墨烯片层之间发生紧密的堆叠现象[1]。

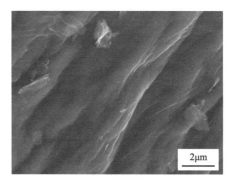

(a) 扫描电子显微镜图　　　　　　　　(b) 局部放大图

图 6.2　孔洞石墨烯的扫描电子显微镜图

　　对样品进行拉曼光谱测试。如图 6.3 所示，孔洞石墨烯和普通石墨烯的拉曼图谱均在波数为 1346cm^{-1} 和 1595cm^{-1} 处出现了特征峰，分别对应 D 峰和 G 峰，D 峰与 G 峰的积分强度之比（即 I_D/I_G）反映了样品晶体结构的有序度，I_D/I_G 值越大，则样品的缺陷越多[2]。由图可知，孔洞石墨烯的 I_D/I_G 值为 1.48，高于普通石墨烯（I_D/I_G = 1.41）。这一结果证明了经过 H$_2$O$_2$ 氧化刻蚀过的孔洞石墨烯呈现出更多的结构缺陷，以提供更丰富的孔道。

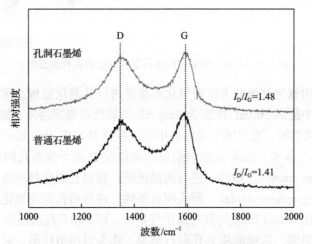

图 6.3　孔洞石墨烯和普通石墨烯的拉曼光谱图

　　通过 X 射线光电子能谱检测孔洞石墨烯表面的官能团组成。如图 6.4（a）所示，全谱图表明孔洞石墨烯在 284.5eV 和 532.5eV 的位置出现了明显的 C 1s 峰和 O 1s 峰，通过对两个峰的面积积分可以计算出碳氧原子比 C/O 为 4.76。对 C 1s 峰进行分峰处理，如图 6.4（b）所示，C 1s 峰由 3 个拟合峰组成，在 284.5eV、286.1eV 和 287.6eV 结合能位置处分别对应 C=C/C—C、C—OH 和 C=O 键，相对含量分别

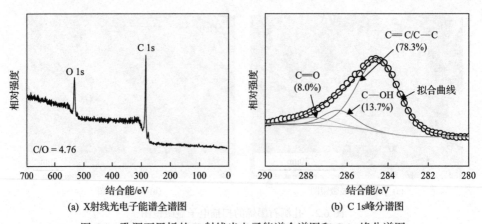

(a) X射线光电子能谱全谱图　　　　　(b) C 1s峰分谱图

图 6.4　孔洞石墨烯的 X 射线光电子能谱全谱图和 C 1s 峰分谱图

为 78.3%，13.7% 和 8.0%。因此，碳-氧相连的化学键比例相对较少，说明经过高温处理后，孔洞石墨烯的大部分含氧官能团被去除，还原程度较高。

通过 H₂O₂ 氧化刻蚀法，可以在氧化石墨烯片层的活性位点上部分氧化并刻蚀掉碳原子，从而形成空位缺陷和孔洞化的形貌[3]。进一步使用透射电子显微镜观察孔洞石墨烯的表面形貌，同时与普通石墨烯进行对比。从图 6.5 中可以看出，石墨烯片层表面分布了丰富的纳米孔，其直径大多数在介孔范围（2～50nm）。相反，在图 6.5(b) 中，普通石墨烯的表面平整，没有孔洞形貌。

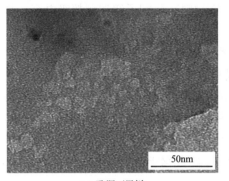
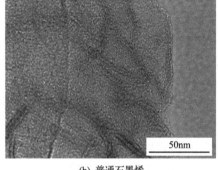

(a) 孔洞石墨烯　　　　　　　　　　　(b) 普通石墨烯

图 6.5　透射电子显微镜图

通过氮气吸脱附测试检测材料的孔径分布。孔洞石墨烯和普通石墨烯的氮气吸脱附等温曲线如图 6.6(a) 所示。孔洞石墨烯的氮气吸脱附等温曲线在中高压区存在明显的回滞环，表明含有较多的介孔（2～50nm）和大孔（>50nm）。孔洞石墨烯和普通石墨烯两种材料的比表面积分别为 562.09m²/g 和 350.14m²/g。

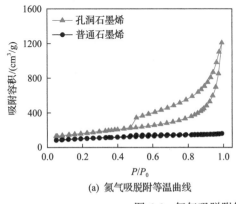
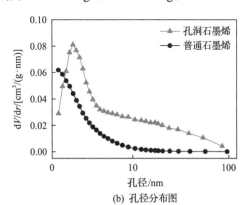

(a) 氮气吸脱附等温曲线　　　　　　　(b) 孔径分布图

图 6.6　氮气吸脱附等温曲线和孔径分布图

从图 6.6(b) 中的孔径分布图可以看出，普通石墨烯的孔隙尺寸集中分布在 4nm 以下的范围，而孔洞石墨烯在 2～100nm 的范围内都有较高的吸附量，表明孔洞石墨烯具有更加宽泛的孔径分布,特别是在 2.46nm 处还出现了一个明显的吸附峰值。孔洞石墨烯和普通石墨烯两种材料的平均孔径分别为 7.19nm 和 2.68nm,这表明经过氧化刻蚀后,孔洞石墨烯具有更多介孔,与透射电子显微镜表征的结果一致。这些丰富的纳米孔结构增加了材料的比表面积,同时可以为离子提供通畅的传输通道,使得电极材料表面积被更加有效地利用。

6.1.2　常温环境电化学性能测试

以孔洞石墨烯和普通石墨烯为电极活性材料,装配了纽扣型超级电容。具体步骤如下:将活性材料和聚四氟乙烯以 85∶15(质量比)混合并搅拌成浆泥状,使用铝合金制圆柱辊压成膜,置于 100℃真空干燥箱中干燥 24h。通过手动切片机裁剪,干燥后得到直径为 11mm 的圆形膜片电极,单片电极质量面密度控制在约 2.2mg/cm²,厚度约为 100μm。使用直径 16mm,厚度 0.5mm 的不锈钢垫片作集流体,多孔聚丙烯隔膜(Celgard 2500)作隔膜,装配得到 CR2032 型纽扣超级电容。使用电化学工作站对纽扣型超级电容进行了循环伏安、恒电流充放电、电化学阻抗和循环稳定性等测试。进行电化学测试时,将超级电容放置于高低温试验箱中,并将箱内的温度控制在 25℃。

在石墨烯表面增加孔道可以显著提升比电容和倍率性能。图 6.7(a)为两种纽扣比电容在 10mV/s 扫速下的循环伏安曲线。两种材料的循环伏安曲线在 2.7V 电压范围内均表现出近似矩形形状,具有典型的双电层电容特征。孔洞石墨烯的循环伏安曲线面积明显大于普通石墨烯,表明前者具有更大的电容量。图 6.7(b)和(c)分别为不同石墨烯超级电容在 5~200mV/s 扫速下的循环伏安曲线。当扫速增加时,普通石墨烯的循环伏安曲线迅速由矩形转变为梭形,曲线包围的面积也迅速减小;而孔洞石墨烯的循环伏安曲线即使在 200mV/s 高扫速下也呈现出近似矩形形状,表明其倍率性能更佳。如图 6.7(d)所示,在 5mV/s 扫速下,孔洞石墨烯和

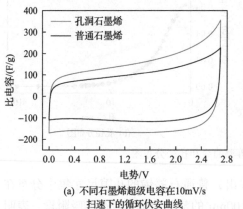

(a) 不同石墨烯超级电容在10mV/s
　　扫速下的循环伏安曲线

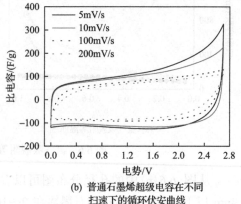

(b) 普通石墨烯超级电容在不同
　　扫速下的循环伏安曲线

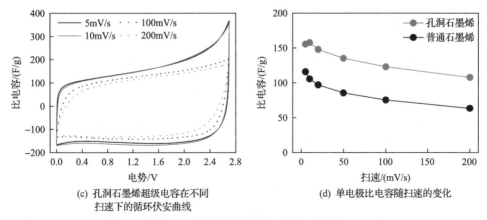

(c) 孔洞石墨烯超级电容在不同
扫速下的循环伏安曲线

(d) 单电极比电容随扫速的变化

图 6.7　循环伏安曲线和单电极比电容

普通石墨烯超级电容的单电极比电容分别为 155.5F/g 和 115.9F/g；当扫速升高至 200mV/s 时，两者的电容保持率分别为 69.3%和 54.9%。

　　恒电流充放电测试进一步证实了孔洞石墨烯电极更为优异的储能性能。图 6.8(a)展示了 1A/g 电流密度下的恒电流充放电测试结果。两种超级电容的恒电流充放电曲线都呈现出近似对称的等腰三角形形状。孔洞石墨烯超级电容的比电容为 150.5F/g，约为普通石墨烯比电容值(101.4F/g)的 1.5 倍。因此，孔洞化处理后，石墨烯超级电容的比电容显著提升，这主要得益于增加的比表面积和丰富的孔道结构。当电流密度从 1A/g 提升至 20A/g 时，孔洞石墨烯电极的比电容下降至 118.6F/g，电容保持率为 78.8%；而普通石墨烯的比电容下降至 66.3F/g，电容保持率为 65.4%，明显低于孔洞石墨烯。

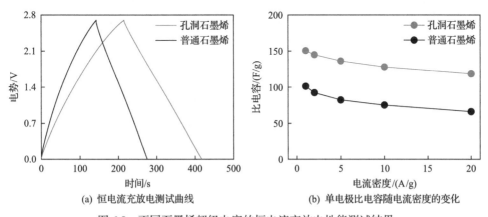

(a) 恒电流充放电测试曲线

(b) 单电极比电容随电流密度的变化

图 6.8　不同石墨烯超级电容的恒电流充放电性能测试结果

　　通过电化学阻抗测试研究孔道结构对离子输运特性的影响，可以发现孔洞石墨烯的传输阻抗显著低于普通石墨烯。如图 6.9 所示，两种材料的 Nyquist 图中都存在一段高频区域的圆弧状曲线，在中频区出现一段与实轴呈约 45°角的曲线，随后在低频区演化为与实轴近乎垂直的直线。其中，Nyquist 曲线与实轴的交点表示等效串联电阻，其大小取决于超级电容系统中电解液、隔膜和电极等成分的电导率。半圆弧表示电荷转移阻抗，主要来源于集流体和活性材料之间的界面接触阻抗。与实轴呈 45°的斜线区域表示 Warburg 阻抗，反映了电解液离子在电极材料中的扩散阻力。从图 6.9(b) 中可以看出，普通石墨烯和孔洞石墨烯电极的 Nyquist 曲线与实轴的交点都接近坐标原点，且两种材料的半圆弧大小相近，表明两种材料的等效串联电阻和电荷转移阻抗相当。但是，普通石墨烯电极 Warburg 区域的长度要明显大于孔洞石墨烯电极，表明离子在普通石墨烯中的扩散阻力更大。

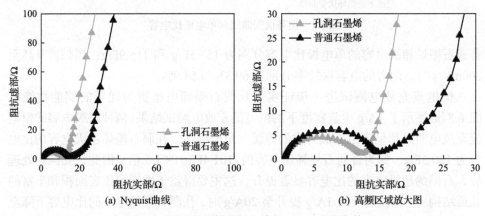

(a) Nyquist曲线　　　　　　　　　(b) 高频区域放大图

图 6.9　不同石墨烯超级电容的 Nyquist 阻抗谱

根据 Randles 等效电路对 Nyquist 曲线进行拟合，定量分析静电吸附过程中离子和电荷阻抗。Randles 等效电路如图 6.10 所示，其中 R_s 表示等效串联电阻，R_{ct} 表示电荷转移阻抗，R_w 表示 Warburg 阻抗，C_{dl} 表示双电层电容元件。

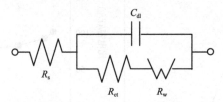

图 6.10　Randles 等效电路图

等效电路的总阻抗可以表达为

$$z(\omega) = Z_s + \cfrac{1}{\cfrac{1}{Z_{dl}} + \cfrac{1}{Z_{ct} + Z_w}} = R_s + \cfrac{1}{j\omega C_{dl} + \cfrac{1}{R_{ct} + Z_w}} \tag{6.1}$$

式中，j 为虚数单位（即 $j^2=-1$）；ω 为角频率。其中，Z_w 的表达式为

$$Z_w = R_w \times \frac{\coth\left[\left(j\omega T_w\right)^{P_w}\right]}{\left(j\omega T_w\right)^{P_w}} \tag{6.2}$$

式中，P_w 和 T_w 为 Z_w 中的可变参数。

　　普通石墨烯和孔洞石墨烯超级电容的各阻抗成分拟合值如表 6.1 所示。普通石墨烯电极的等效串联电阻（R_s）和电荷转移阻抗（R_{ct}）与孔洞石墨烯电极相接近。这是因为两者的电解液、封装工艺相同，来自各类部件的阻抗以及电极/集流体界面接触阻抗相接近。但是普通石墨烯电极的 Warburg 阻抗（R_w）数值却为孔洞石墨烯的两倍以上，表明孔洞石墨烯具有较小的离子输运阻力。

表 6.1　普通石墨烯和孔洞石墨烯超级电容的等效电路阻抗拟合值　　（单位：Ω）

电极	R_s	R_{ct}	R_w
普通石墨烯	0.49	11.7	20.7
孔洞石墨烯	0.28	9.9	8.9

　　造成上述现象的原因在于，孔洞石墨烯独特的形貌结构为充放电过程中离子的快速传输提供了有利环境。如图 6.11 所示，在普通石墨烯电极中，离子扩散到电极表面需要经历漫长且曲折的传输路径；而在孔洞石墨烯电极中，多孔结构为离子提供了快速传输通道，大大缩短了离子到电极的传输距离，降低了离子在静电吸附过程中的扩散阻力。

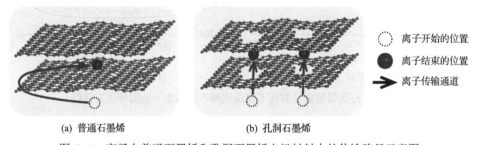

(a) 普通石墨烯　　　　　　　(b) 孔洞石墨烯

○ 离子开始的位置
● 离子结束的位置
→ 离子传输通道

图 6.11　离子在普通石墨烯和孔洞石墨烯电极材料中的传输路径示意图

6.1.3　低温电化学性能测试

　　孔洞石墨烯能够缩短离子扩散距离和降低输运阻力，有助于削弱环境温度（特别是低温）对储能性能的影响。在低温（$-60 \sim 0$℃）环境下，对两种超级电容的电化学特性进行测试，以说明孔洞石墨烯在低温储能应用中的优势。

　　图 6.12 为 $-60 \sim 25$℃范围内不同温度下普通石墨烯和孔洞石墨烯超级电容分

别在 10mV/s 和 100mV/s 扫速下的循环伏安曲线。从图 6.12(a) 和 (b) 中可以看出，即使是在-60℃的极低温度条件下，两种电极材料在较低扫速下的循环伏安曲线保持着近似矩形。通过对比更高扫速(100mV/s)下的循环伏安曲线[图 6.12(c) 和 (d)]可以看出，当温度从 25℃降低至-60℃时孔洞石墨烯的循环伏安曲线依然能够保持准矩形形状，而普通石墨烯则转变为梭形。这一结果表明，在较高扫速下，普通石墨烯的电容性能随温度降低而衰减得更为严重。

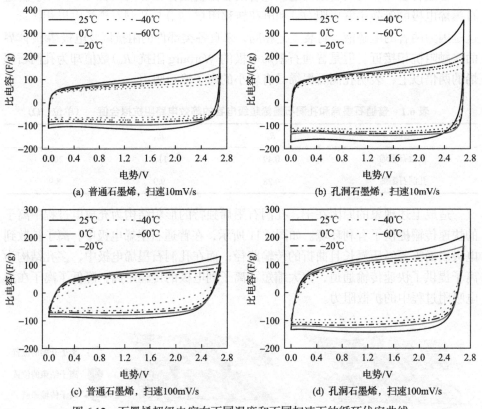

(a) 普通石墨烯，扫速10mV/s　　　　(b) 孔洞石墨烯，扫速10mV/s

(c) 普通石墨烯，扫速100mV/s　　　　(d) 孔洞石墨烯，扫速100mV/s

图 6.12　石墨烯超级电容在不同温度和不同扫速下的循环伏安曲线

分析-60℃极低温度条件下循环伏安曲线随电压扫速的变化，进一步说明孔洞石墨烯优秀的低温储能性能。如图 6.13(a) 所示，随着扫速从 5mV/s 增大到 200mV/s，普通石墨烯的循环伏安曲线形状迅速蜕变为梭形。而孔洞石墨烯的循环伏安曲线在 200mV/s 扫速下只有较小的变形[图 6.13(b)]，表明其在低温下具有更好的倍率性能。图 6.14(a) 和(b)反映了两种超级电容在不同温度和不同扫速下的比电容值。在相同温度下，孔洞石墨烯的电容值均高于普通石墨烯。例如，当环境温度为-60℃时，随着扫速从 5mV/s 增大到 200mV/s，孔洞石墨烯的比电容从 111.5F/g 衰减为 65.1F/g；而普通石墨烯的比电容从 63.7F/g 迅速减小为 22.8F/g。

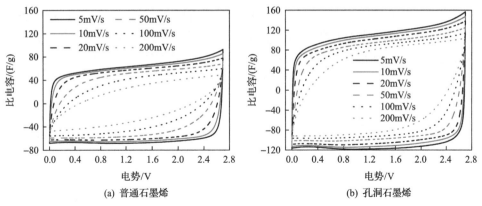

(a) 普通石墨烯　　　　　　　　　(b) 孔洞石墨烯

图 6.13　-60℃下两种石墨烯超级电容在不同扫速下的循环伏安曲线

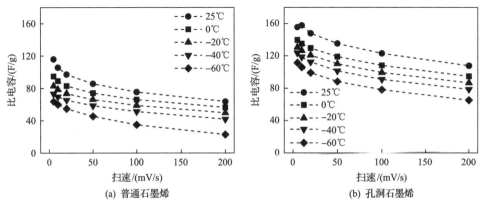

(a) 普通石墨烯　　　　　　　　　(b) 孔洞石墨烯

图 6.14　两种石墨烯超级电容在不同温度和不同扫速下的比电容值

恒电流充放电测试结果也验证了低温下孔洞石墨烯具有更优的电容特性。图 6.15(a) 和 (b) 分别为普通石墨烯和孔洞石墨烯超级电容在 -60～25℃下的恒电流充放电曲线，充放电电流密度为 1A/g。在不同温度下，恒电流充放电曲线都呈

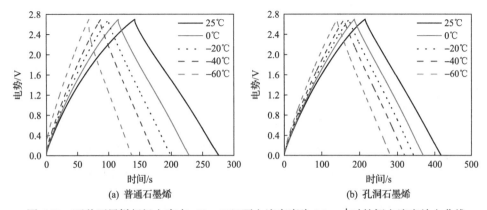

(a) 普通石墨烯　　　　　　　　　(b) 孔洞石墨烯

图 6.15　两种石墨烯超级电容在 -60～25℃下电流密度为 $1A \cdot g^{-1}$ 时的恒电流充放电曲线

现出近似对称的等腰三角形形状，表明具有良好的电容特性。但是，在-60℃条件下，当充放电电流密度升高至 10A/g 时，普通石墨烯超级电容的恒电流充放电曲线转变为了非线性形状[图 6.16(a)]，电容特性难以维持。而孔洞石墨烯超级电容即使是在 20A/g 的高电流密度下也能表现出较为典型的双电层电容充放电特征[图 6.16(b)]。

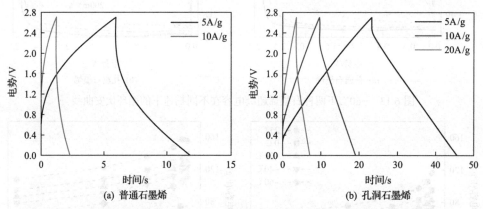

图 6.16　两种石墨烯超级电容在-60℃环境温度、高电流密度下的恒电流充放电曲线

比较两种超级电容的质量比电容，发现对石墨烯进行孔洞化处理之后，可以显著提升低温环境下的电容保持率。如图 6.17 所示，当温度降低为-60℃时，孔洞石墨烯在 1A/g 下的比电容依然高达 106.2F/g，而普通石墨烯电极则衰减为53.0F/g。此外，对比图 6.17(a)和(b)可以看出，当温度在-40~25℃内时，孔洞石墨烯超级电容在 20A/g 电流密度下的电容保持率(相对于 1A/g)高于 75%；而相同温度范围内普通石墨烯的电容保持率在 41.8%~65.8%。尤其在-60℃时，孔洞石墨烯超级电容 20A/g 下的电容保持率高达 68.0%，而普通石墨烯超级电容在10A/g 下的电容值仅为 1A/g 下的 15.5%。

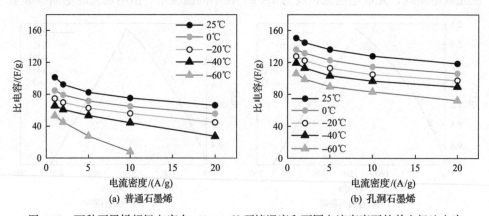

图 6.17　两种石墨烯超级电容在-60~25℃环境温度和不同电流密度下的单电极比电容

通过阻抗分析发现,孔洞石墨烯的电荷传输阻抗受环境温度的影响相对较小,在−60℃的极低温条件下,两者的差异尤为明显。如图 6.18 所示,无论是孔洞石墨烯还是普通石墨烯,随着环境温度降低,Nyquist 曲线中的半圆弧部分和 Warburg 区域均明显增大,表明电荷转移阻抗和离子传输阻抗受环境温度的影响较大,并随着温度降低,电荷转移阻抗和离子传输阻抗的下降速率加快。当温度降低后,普通石墨烯的 Warburg 区域长度增加得十分明显,说明 Warburg 阻抗(R_{W})显著升高。而孔洞石墨烯的 Warburg 区域增加相对较少,说明电解液离子在孔洞石墨烯结构内的扩散阻力受温度的影响较小。

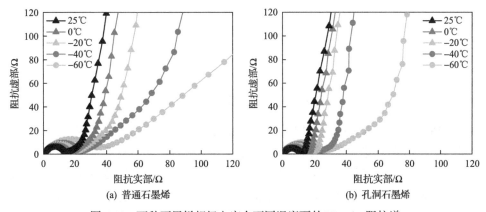

图 6.18　两种石墨烯超级电容在不同温度下的 Nyquist 阻抗谱

6.2　垂直取向石墨烯固液静电吸附储能

垂直取向石墨烯是指以垂直取向阵列式生长于固体基底上的石墨烯片层材料。相比于传统化学方法制备的石墨烯,垂直取向石墨烯具有站立式结构、开放的层间通道、丰富的边缘结构等优点,其中纳米级厚度边缘区域有利于电子和离子的聚集,减小静电吸附双电层有效厚度,提高超级电容储能性能和响应能力。本节介绍了基于等离子体增强化学气相沉积的垂直取向石墨烯可控备方法,通过调控边缘比例,提升了静电吸附储能能力。

6.2.1　材料的构筑与表征

垂直取向石墨烯通过微波等离子体增强型化学气相沉积方法制备得到。如图 6.19 所示,该沉积系统主要由微波发生器、调谐器、波导管、基片台、反应仓、真空系统和热电偶等部件组成。其中微波发生器所产生的微波频率为 2.45GHz,以横电波模式传播,微波器通过协调器的调整和天线的耦合进入反应仓(石英管)中。

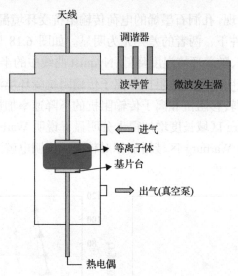

图 6.19　等离子体增强型化学气相沉积系统示意图

　　选择镍片作为垂直取向石墨烯的生长基底。首先，使用去离子水和乙醇对镍片进行超声清洗。晾干后，镍片置于基片台上，密封仓体。打开真空泵，抽真空至 8.0Pa 以下。打开氢气(H_2)阀门直到仓内压强稳定，打开微波发生器，调节功率到 450W。随后打开偏置电压，电压设置为 50V。完成上述操作后，热电偶测试反应仓温度迅速上升到 600℃。随后通入甲烷(CH_4)，待反应仓颜色变亮之后开始计时。生长过程中，氢气和甲烷的流量分别为 50mL/min 和 10mL/min。待计时完成后，关闭甲烷阀门，迅速调节微波源功率到零并关闭偏置电压，待反应仓降温和泄压后，获得生长于镍片上的垂直取向石墨烯。

　　利用扫描电子显微镜表征垂直取向石墨烯的表面形貌。图 6.20 为不同生长时间垂直取向石墨烯的侧视图。从扫描电子显微镜图可看出，石墨烯垂直地生长在基底镍片上，表现出丰富且暴露的边缘结构。随着生长时间的增加，其高度单调增加。生长时间为 1min、1.5min、2min 和 2.5min 时，垂直取向石墨烯高度分别为 0.6μm、1.5μm、2.0μm 和 2.7μm。

　　图 6.21 为不同生长时间垂直取向石墨烯的俯视图。图中可观察到，石墨烯薄片排列成致密的网状三维结构，克服了传统化学方法容易出现的层间堆叠、通道堵塞等问题。开放的层间通道有利于电解液的润湿，为固液界面电荷储存提供巨大的比表面积。单个垂直取向石墨烯片的平均长度为 500nm。随着生长时间的增加，石墨烯纳米片的排布结构基本保持不变，表明不同生长时间下的石墨烯片密度基本一致。

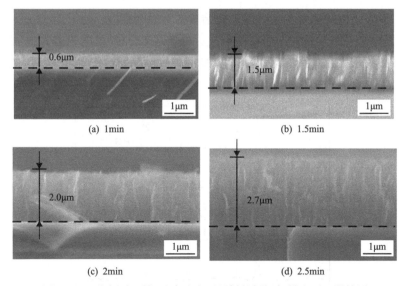

(a) 1min　　　　　　　　　　　　(b) 1.5min

(c) 2min　　　　　　　　　　　　(d) 2.5min

图 6.20　不同生长时间垂直取向石墨烯的侧视扫描电子显微镜图

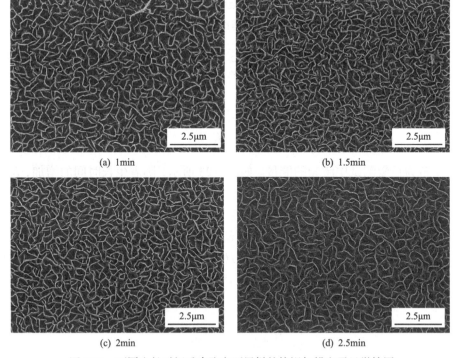

(a) 1min　　　　　　　　　　　　(b) 1.5min

(c) 2min　　　　　　　　　　　　(d) 2.5min

图 6.21　不同生长时间垂直取向石墨烯的俯视扫描电子显微镜图

利用拉曼光谱表征垂直取向石墨烯的结构特征。石墨烯的典型特征峰包括 D 峰、2D 峰和 G 峰。如图 6.22 所示，处于 1350cm^{-1} 处的为 D 峰，与边缘、褶皱、

空位、掺杂等结构缺陷有关，可以表征结构的不规则程度；处于 2652cm⁻¹ 处的为
2D 峰，与单个石墨烯片的原子层数有关；处于 1585cm⁻¹ 处的为 G 峰，可以反映
样品的石墨化程度。垂直取向石墨烯的 D 峰强度较高，这主要与其丰富的边缘结
构有关。

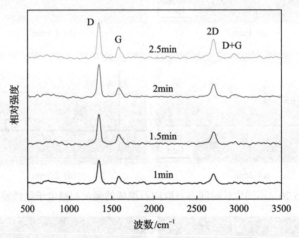

图 6.22　不同生长时间垂直取向石墨烯的拉曼光谱

其中，D 峰与 G 峰的强度比值(I_D/I_G)与石墨烯的尺寸相关联，单片石墨烯的
尺寸(L)与 I_D/I_G 值成反比，并满足以下关系式[4]：

$$L = \frac{560}{E_1^4}\left(\frac{I_D}{I_G}\right)^{-1} \tag{6.3}$$

式中，E_1 为拉曼测试中激光的能量。如图 6.23 所示，随着生长时间的增加，I_D/I_G
值单调减小，在生长时间为 1min、1.5min、2min 和 2.5min 时，I_D/I_G 值分别计算
为 3.05、2.86、2.75 和 2.66，说明随着生长时间的增加，石墨烯纳米片的尺寸也
相应增加。随着时间增加，垂直取向石墨烯的总高度($H = H_{edge} + H_{basal}$)单调增
加。如图 6.24 所示，在边缘区域高度(H_{edge})一定时，总高度增加将提高主体部
分尺寸(H_{basal})，进而降低了边缘所占几何比例(λ)。其中，边缘所占几何比例定
义为

$$\lambda = \frac{H_{edge}}{H} = \frac{H_{edge}}{H_{edge} + H_{basal}} \tag{6.4}$$

因而，随着生长时间增加，边缘几何比例的下降将使得 I_D/I_G 值单调减小。

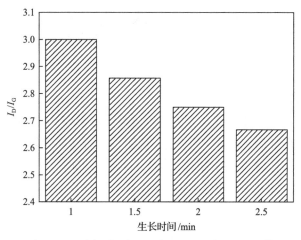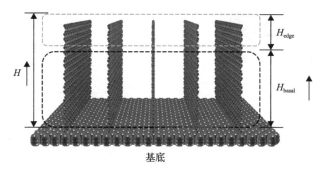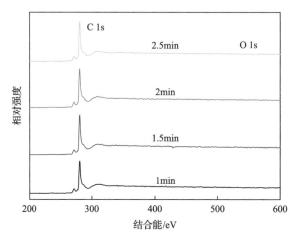

图 6.23　不同生长时间垂直取向石墨烯的 I_D/I_G 值

图 6.24　垂直取向石墨烯中边缘部分和主体部分高度示意图

利用 X 射线光电子能谱检测垂直取向石墨烯的化学组分。如图 6.25 所示，在 285.0eV 周围出现了显著的 C 1s 峰，但其在 529.0eV 到 530.0eV 附近的 O 1s 峰却

图 6.25　不同生长时间垂直取向石墨烯的 X 射线光电子能谱总谱

不显著，表明垂直取向石墨烯主要由碳元素组成，含有极少的氧。另外，随着生长时间增加，垂直取向石墨烯的碳和氧含量基本不发生变化，表明其化学组成保持一致。

6.2.2　边缘效应强化储能

图 6.26 展示了生长于金属镍片上的垂直取向石墨烯。镍片本身具有金属光泽，在生长了垂直石墨烯后，表面变为黑色，说明垂直石墨烯均匀地覆盖于镍片之上，且黏结牢固，不易被擦掉。将生长于镍片上的垂直取向石墨烯作为超级电容储能电极，装配成如图所示的纽扣型超级电容，电解液选用 2mol/L NaCl，并开展电化学测试。

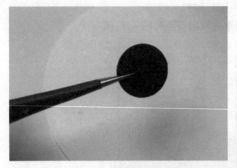

图 6.26　垂直取向石墨烯/镍片实物图和所装配而成的纽扣型超级电容

随着生长时间增加，垂直取向石墨烯比电容单调减小。如图 6.27 所示，随着生长时间增加，循环伏安曲线面积有所减小，但在 1000mV/s 和 2000mV/s 的超高扫速下，垂直取向石墨烯超级电容的循环伏安曲线仍接近矩形，表明其具有优异的电容性能和超高功率充放电的能力。

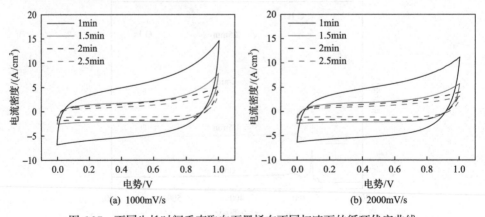

(a) 1000mV/s　　　　　　　　　　(b) 2000mV/s

图 6.27　不同生长时间垂直取向石墨烯在不同扫速下的循环伏安曲线

如图 6.28 所示，对于生长时间为 1min、1.5min、2min 和 2.5min 时的垂直取向石墨烯，其比体积电容分别为 $10.3\mu F/cm^3$、$4.28\mu F/cm^3$、$3.57\mu F/cm^3$ 和 $2.38\mu F/cm^3$，表明单位体积的电荷储存量随着生长时间的增加而逐渐减小。生长时间为 1min 时，垂直取向石墨烯的比体积电容是生长时间为 2.5min 时垂直取向石墨烯的 4.3 倍。随着生长时间的延长，比电容和边缘所占几何比例的变化趋势基本一致。随着石墨烯纳米片高度的减小，其边缘所占几何比例和 I_D/I_G 值增加，使更多表面电荷聚集在石墨烯的边缘区域，能够吸附更多的电解液离子，并促进离子对的分离，从而减少静电吸附双电层厚度，提升储能性能。

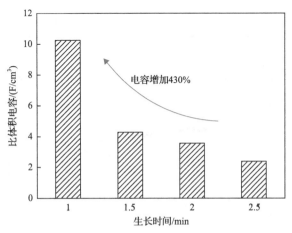

图 6.28　不同生长时间垂直取向石墨烯的比电容

6.2.3　阻抗分析与电容响应

对垂直取向石墨烯进行电化学阻抗测试，以探讨其结构内部的电荷传递和离子输运规律。如图 6.29 所示，所有样品的 Nyquist 曲线在高频区的半圆弧都很小，几乎无法观察到，说明电荷转移阻抗 (R_{ct}) 很小。这主要是因为垂直取向石墨烯直接生长在镍金属片上，两者之间通过共价键连接，有效降低了两固体的非理想接触引起的接触电阻。呈 45° 角的 Warburg 区域的长度也很小，说明电解液离子在垂直取向石墨烯结构中的扩散阻力较小。这是因为垂直取向石墨烯不存在由多孔结构所引起的多孔效应，离子在其层间通道中输运通畅。此外，对比不同的垂直取向石墨烯样品，生长时间为 1min 的表现出最小的 Warburg 阻抗，说明减小石墨烯片高度，有利于减小电荷传递和离子输运阻力。

图 6.30 为垂直取向石墨烯的电化学 Bode 图。Bode 曲线能够反映超级电容的频率响应能力，其中 X 轴表示频率 (f)，Y 轴表示对应频率下的相位 (θ)。理想超级电容的相位为 -90°。在低频区阶段，所有垂直取向石墨烯样品的波特曲线均接近水平，说明了低频下的良好电容特性。

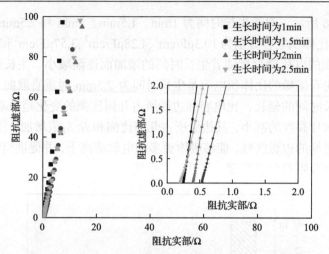

图 6.29　垂直取向石墨烯超级电容的 Nyquist 阻抗谱

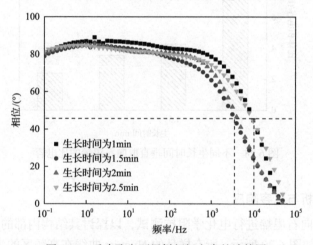

图 6.30　垂直取向石墨烯超级电容的波特图

随着频率的升高,相位呈下降趋势。对于生长时间为 1min 的垂直取向石墨烯,在 120Hz 下,其相位仍能维持在 83°。电容响应的时间常数 (τ_{RC}) 可以反映超级电容的响应能力,可通过式(6.5)计算:

$$\tau_{RC} = \frac{-Z'(f)}{2\pi f Z''(f)} \tag{6.5}$$

式中,$Z''(f)$ 为在 120Hz 时的虚部阻抗;$Z'(f)$ 为在 120Hz 时的实部阻抗。经计算,其时间常数为 0.168ms,说明垂直取向石墨烯具有超快的响应能力。另外,拐点频率(f_0)也可以表征电容特性。通常将出现 45° 相位对应的频率定义为拐点频率,垂直取向石墨烯的拐点频率高达 10kHz。值得注意的是,垂直取向石墨烯的拐点频率显著优于活性炭或炭黑（<1Hz）、碳纳米管（～10Hz）、水平石墨烯（～20Hz）等其他电极材料。

6.3　复合结构固液静电吸附储能

在混合电动汽车、便携式电子设备和可再生能源转化系统等应用中，储能设备需要具备高能量密度，同时要求在较宽的温度范围内提供稳定的能量输出。采用赝电容材料是提升超级电容储能能量密度的有效途径之一，但是其储能性能随着温度下降将显著降低。例如，当环境温度从 25℃降低至 0℃时，赝电容的比电容会降低 25%～45%[5-9]。这主要是由于离子的扩散系数随着温度的降低而降低，导致储能过程中离子迁移到电极材料表面的数量减少。通过缩短离子扩散距离、提升离子传输速率，可以有效提高超级电容在宽温度范围内的电容保持率。本节介绍了一种具有高度规则形貌的三维多级石墨烯基赝电容材料，这种结构具有宽泛的孔隙尺寸分布，在低温储能测试中表现出良好的储能性能。

6.3.1　材料的构筑与表征

三维多级石墨烯基赝电容材料是指在石墨烯三维结构上沉积具有更小特征尺寸的赝电容材料，如金属氧化物纳米颗粒或薄片。如图 6.31 所示，以通过冷冻铸造法获得的石墨烯网络（graphene network）作为离子缓冲库，在石墨烯网络上生长垂直取向石墨烯，作为导电骨架，然后在垂直取向石墨烯上沉积二氧化锰纳米片作为赝电容材料。

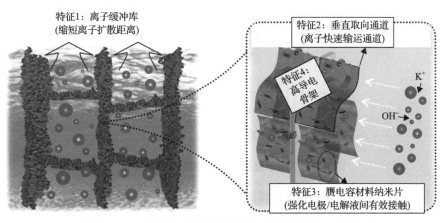

图 6.31　三维多级石墨烯基赝电容材料的结构示意图

首先，采用冷冻铸造法制备规则有序的氧化石墨烯网络。配制 7mg/mL 的氧化石墨烯溶液，将混合液体倒入模具中，通过液氮迅速降温冷冻。如图 6.32 所示，对氧化石墨烯溶液进行定向冷冻，形成高度取向性的网络结构[10-12]。然后，使用等离子体增强化学气相沉积系统在石墨烯网络上沉积垂直取向石墨烯。接着，将经氧化处理后的石墨烯骨架（包括石墨烯网络和垂直取向石墨烯）浸没在0.04mol/L的高锰酸钾溶液中，在80℃的环境中反应12h，获得二氧化锰纳米片。

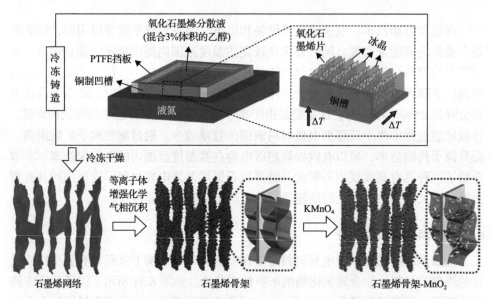

图 6.32　三维多级石墨烯基赝电容材料的制备方法示意图

最后，用去离子水反复清洗去除残余杂质并进行冷冻干燥。如图 6.33 所示，三维多级石墨烯基赝电容材料的表面为黑色。二氧化锰的单位面积负载量为 0.4mg。

图 6.33　三维多级石墨烯-二氧化锰样品实物照片

利用扫描电子显微镜观察材料的微观形貌结构。图 6.34 展示了未沉积二氧化锰的石墨烯三维骨架结构，虚线椭圆圈出的为片层交叉点和丝带状桥接处。石墨烯网络具有高度规则的片层状结构，呈交叉和丝带状桥接，形成了网格状结构，这些石墨烯片层所形成的通道尺寸为 30～100μm。放大观察单个石墨烯网络片层，如图 6.34(b)所示，可发现片层表面覆盖了紧密的纳米片，为垂直取向石墨烯。从

图 6.34(c)和(d)中可以观察到,垂直取向石墨烯具有 400~800nm 的高度和 100~500nm 的宽度,并且会在片层之间形成 50~200nm 宽度的通道。

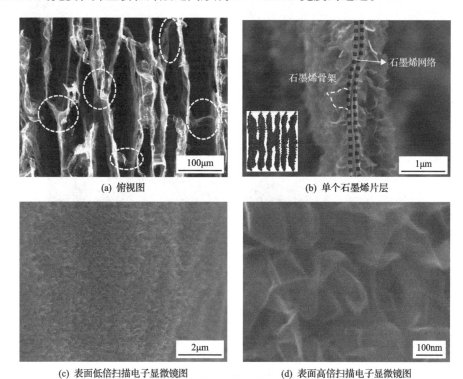

(a) 俯视图　　　　　　　　　　(b) 单个石墨烯片层

(c) 表面低倍扫描电子显微镜图　　　　(d) 表面高倍扫描电子显微镜图

图 6.34　三维多级石墨烯-二氧化锰的扫描电子显微镜图

扫描电子显微镜图证实,二氧化锰纳米片成功沉积在石墨烯表面。如图 6.35(a)所示,沉积后,石墨烯的垂直取向和通畅通道没有发生明显变化。图 6.35(b)显示,二氧化锰具有片状形貌,且尺寸在数个或数十纳米。这些纳米片均匀地生长在石墨烯纳米片上,形成了一种多级的"片生花瓣"的结构。图 6.36 为负载二氧化锰前后的垂直取向石墨烯的透射电子显微镜图。如图 6.36(b)所示,二氧化锰沉积后,石墨烯光滑的表面上紧密地负载了极薄的二氧化锰纳米片。

总体而言,这种三维多级结构具有以下几种特征:①高度取向性的网格结构,网格尺寸为微米级别,可以作为离子缓冲库,在充放电过程中让电解液离子暂时储存其中,缩短超级电容工作时的离子扩散距离;②通畅的垂直于网格壁面的通道,通道尺寸为纳米大孔(>50nm)级别,可以作为离子的快速传输通道,保证离子在低温环境中的高速运动,同时可以作为赝电容材料的负载基底,增加负载面积;③规则形貌的赝电容材料纳米片,尺寸在纳米级别,为法拉第反应提供丰富的反应位点,兼具开放的孔隙结构,保证离子与材料表面充分接触;④高导电石墨烯骨架,确保电子能够在骨架中快速传输。

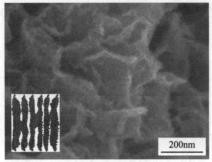
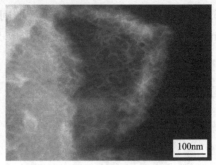

(a) 低放大倍率
(b) 高放大倍率

图 6.35　石墨烯网络上沉积二氧化锰纳米片后的扫描电子显微镜图

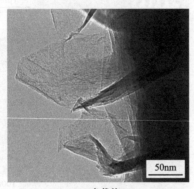
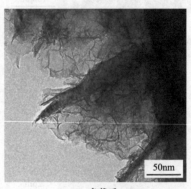

(a) 负载前
(b) 负载后

图 6.36　负载前后的石墨烯网络的透射电子显微镜图

6.3.2　单极赝电容的常温环境储能性能

赝电容在低温环境下都会面临水系电解液凝固、电容器件失效或电容衰减剧烈的威胁，这种情况在低于 0℃的环境下尤为严重[5-9]。因此，针对低温环境下储能性能的测试是十分必要的。将上述三维多级石墨烯-二氧化锰材料作为电极活性材料，在 0℃、10℃和 25℃环境下，以三电极的形式进行电化学测试。其中，电解液选用 6mol/L 的氢氧化钾溶液，铂片为对电极，汞/氧化汞电极为参比电极，石墨烯/二氧化锰为工作电极。石墨烯/二氧化锰为工作电极。采用工作电极相对于参比电极的电势进行储能特性分析，以下表述为相对电势（vs. Hg/HgO）。

三维多级结构在低温赝电容储能测试中均表现出良好的性能。图 6.37 为常温（25℃）不同扫速下的循环伏安曲线和不同电流密度下的恒电流充放电曲线。图 6.37(a) 中的循环伏安曲线为近似矩形形状，表明电极表面表现出了快速可逆的赝电容行为。随着电压扫速从 10mV/s 增加到 100mV/s，曲线中的电流密度显著增大，而曲线形状没有明显改变。同时，图 6.37(b) 中的恒电流充放电曲线呈现近似对称的三角形，说明储能过程具有理想的赝电容储能特性。

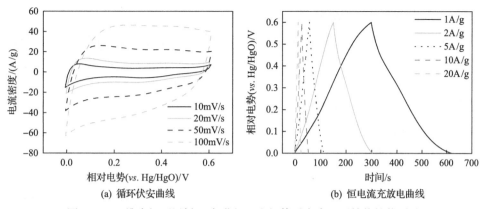

(a) 循环伏安曲线　　　　　　　(b) 恒电流充放电曲线

图 6.37　三维多级石墨烯-二氧化锰三电极体系在常温下储能性能测试

进一步分析温度和电压扫速对储能行为的影响。如图 6.38 所示，当温度从 25℃下降到 0℃时，同一扫速下的循环伏安曲线几乎相互重合且面积没有明显的变化，说明电容储能性能没有发生显著的衰减。尤其是在 0℃环境下，这种赝电

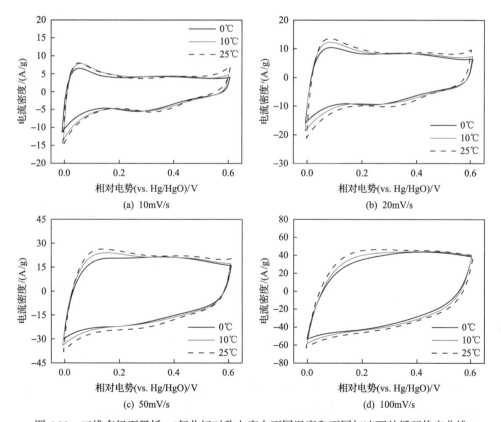

(a) 10mV/s　　　　　　　　　(b) 20mV/s

(c) 50mV/s　　　　　　　　　(d) 100mV/s

图 6.38　三维多级石墨烯-二氧化锰对称电容在不同温度和不同扫速下的循环伏安曲线

容储能几乎与常温下的性能一致。

　　不同电流密度下，三维多级结构也展现了优异的低温赝电容储能性能，与循环伏安测试的结果一致。图 6.39 给出了不同温度和电流密度下的恒电流充放电曲线。随着温度的降低，充放电时间略微缩短，且缩短的幅度随着电流密度的增大而增大。但总体而言，这种三维多级石墨烯基赝电容材料在 0℃下依然能保持和常温下相当的电容性能。在 1A/g 电流密度下，0℃、10℃和 25℃三个温度下的质量比电容分别为 490F/g、511F/g 和 541F/g。

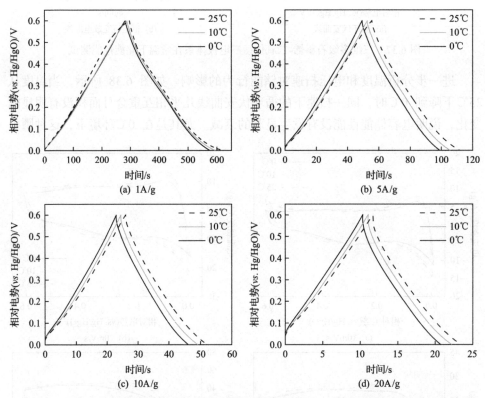

图 6.39　三维多级石墨烯-二氧化锰对称电容在不同温度和电流密度下的恒电流充放电曲线

　　随着电流密度的增加，比电容呈缩减的趋势。如图 6.40 所示，温度较高时，比电容也相对较高，但变化幅度不大。当电流密度从 1A/g 增加到 20A/g 时，0℃、10℃和 25℃下的比电容分别保留 76.8%、78.0%和 77.7%，体现出良好的倍率性能。

　　电化学性能的温度特性与电极中的离子扩散和电荷转移过程密切关联。对三维多级石墨烯-二氧化锰进行阻抗测试，分析了离子扩散阻抗和电荷转移阻抗与温

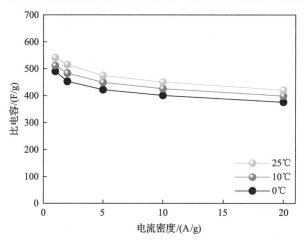

图 6.40　三维多级石墨烯-二氧化锰对称电容在不同温度下的比电容随电流密度的变化

度的相关性。如图 6.41 所示，每个温度下 Nyquist 曲线的高频区域都存在一段圆弧状曲线，然后在低频区域演化为一段近乎垂直于横坐标的直线。从图 6.41（b）中的局部放大图可以看出，随着温度的降低，Nyquist 曲线在横坐标上截距逐渐增大，同时半圆弧的直径也显著增加。Nyquist 曲线在实轴上的交点代表等效串联电阻，取决于电极系统中电解液、隔膜和电极的电导率；半圆弧代表电荷转移阻抗，来源于电极工作过程中离子和电子的传输。因此，图 6.41 表明电极的等效串联电阻和电荷转移阻抗随着温度降低而增大。同时，在较低温度下，低频区域仍保持陡峭的直线，表明了良好的电容储能特性。

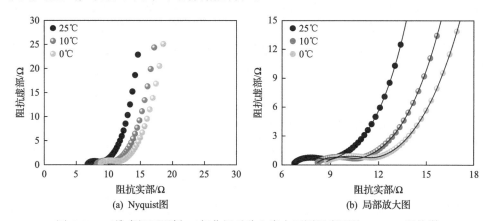

图 6.41　三维多级石墨烯-二氧化锰对称电容在不同温度下的 Nyquist 阻抗谱

　　对 Nyquist 曲线进行等效阻抗拟合分析，以量化电荷转移阻抗随温度的变化情况。如表 6.2 所示，当温度从 25℃降低到 0℃时，由于电解液电导率降低，固体等效串联电阻（R_s）从 6.72Ω 升高至 8.51Ω。此外，电荷传输阻抗（R_{ct}）从 1.30Ω

升高至 2.48Ω，Warburg 阻抗(R_w)从 0.66Ω 升高至 0.95Ω。Warburg 阻抗的增加是低温下离子在电极材料内的扩散能力减弱导致的。在不同温度下 Warburg 阻抗的拟合值均小于 1Ω，表明离子扩散阻力较小，能够在三维多级石墨烯-二氧化锰结构中快速传输。

表 6.2　三维多级石墨烯-二氧化锰对称电容在不同温度下等效电路阻抗拟合值

温度/℃	R_s/Ω	R_{ct}/Ω	R_w/Ω
0	8.51	2.48	0.95
10	8.07	1.84	0.79
25	6.72	1.30	0.66

三维多级石墨烯-二氧化锰不同层级的结构所发挥的协同作用是产生上述低储能阻抗的重要原因。具体来看，石墨烯网络提供的离子缓冲库可以减小离子从电解液扩散到电极内部表面的扩散距离。垂直取向石墨烯可以为离子传输提供通畅的层间通道，有利于离子毫无阻碍地运动到电极表面。具有分级结构的石墨烯骨架既可以为二氧化锰的负载提供充足的表面，还可以为电子传输提供高速通道。垂直于石墨烯薄片生长的二氧化锰纳米片可以大大增加电极的赝电容反应位点，同时这种相互分离的纳米片也可以保证离子充分接触赝电容材料，强化电化学反应动力学。

6.3.3　对称赝电容的低温环境储能性能

将两片大小相同的三维多级石墨烯-二氧化锰材料作为电极，装配成对称赝电容，并进行低温(-30～25℃)电化学测试。使用多孔聚丙烯薄膜作为隔膜，6mol/L 的氢氧化钾溶液作为电解液。如图 6.42(a)所示，当循环伏安曲线扫速为 20mV/s 时，曲线始终呈现出矩形形状。尤其是在-30℃低温条件下，曲线的形状仍然没有发生明显的变化。如图 6.42(b)所示，当扫速增加到 100mV/s，低温环境中测试得

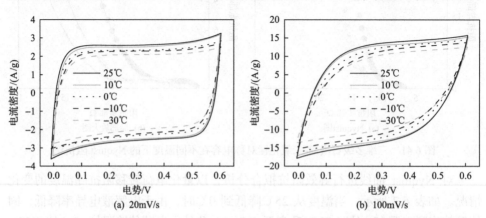

(a) 20mV/s　　　　　　　　　　　　(b) 100mV/s

图 6.42　三维多级石墨烯-二氧化锰对称电容在不同温度和不同扫速下的循环伏安曲线

到的曲线形状和面积也与常温下的曲线十分接近，说明赝电容能够在低温下维持良好的电容特性。

通过恒电流充放电测试，进一步揭示该材料的低温储能特性。如图 6.43 所示，在不同电流密度下，恒电流充放电曲线都保持着近似对称的三角形形状。即使是在−30℃的极低温度下，恒电流充放电曲线的放电时间相对于常温下有所减少，但依然保持着较为理想的形状，表明该赝电容的法拉第反应在低温环境中也具有较好的可逆性。

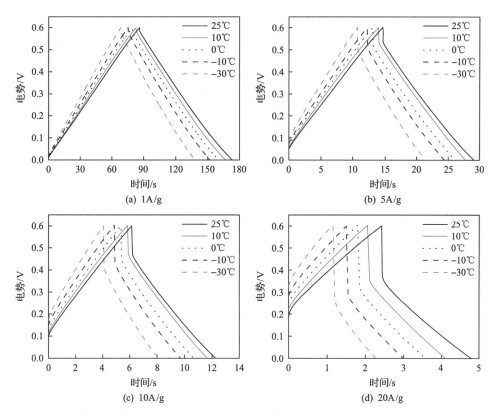

图 6.43　三维多级石墨烯-二氧化锰对称电容在不同温度和电流密度下的恒电流充放电曲线

三维多级石墨烯-二氧化锰赝电容在低温环境下表现出优良的比电容和倍率性能。根据恒电流充放电测试结果，计算对称赝电容的比电容值，如图 6.44 所示。在 1A/g 电流密度下，−30℃、−10℃、0℃、10℃和 25℃的单电极比电容值分别为239F/g、263F/g、276F/g、285F/g 和 296F/g。当电流密度增加到 20A/g，−30℃下的比电容依然有 174F/g，相对于 1A/g 下的电容值保持率高达 72.7%。

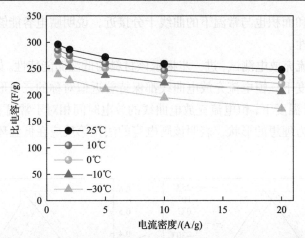

图 6.44　三维多级石墨烯-二氧化锰对称电容在不同温度下单电极比电容随电流密度的变化

在-30℃的极端环境下，相对于常温下的比电容值，比电容保持率（即-30℃下的比电容与常温比电容的比值）能维持在 70.2%～80.8%。如图 6.45 所示，当电流密度为 1A/g 时，测试环境温度从常温下降到-30℃，三维多级石墨烯-二氧化锰对称电容所表现出的比电容保持率（80.8%）与国际上其他工作报道的数值相当[13,14]。另外，当电流密度增大时，比电容保持率有所降低。这是因为当电流密度增大时，充电时间缩短，低温下离子将更加难以扩散到电极材料表面，减少了电荷的储存。

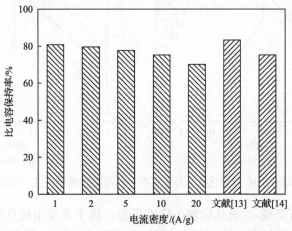

图 6.45　在-30℃测试环境中单电极比电容相对于常温比电容的保持率[13,14]

为了进一步理解赝电容性能对温度的依赖性，将不同温度下的电容值根据阿伦尼乌斯定律进行了拟合，即

$$C = C_0 \exp\left(-\frac{E_a}{RT}\right) \tag{6.6}$$

或

$$\ln C = \ln C_0 - \frac{E_a}{RT} \qquad (6.7)$$

式中，C 为电容；C_0 为指数前系数；R 为通用气体常数[8.314J/(mol·K)]；E_a 为活化能；T 为热力学温度。如图 6.46 所示，电容的对数(ln C)与温度的倒数(1/T)呈线性关系，图中拟合直线的斜率$[-E_a(1000R)^{-1}]$与活化能相关。当电流密度从 1A/g 增加到 20A/g 时，活化能从 2.38kJ/mol 增加至 3.15kJ/mol，远低于基于二氧化锰的非对称电容的活化能(32.8kJ/mol)[15]，而与基于多孔碳材料(0.92～2.80kJ/mol)[16]和石墨烯(3.01～7.87kJ/mol)[17]的双电层电容的活化能相当。低活化能表明三维多级石墨烯-二氧化锰对称赝电容中的快速电荷存储过程对工作温度的依赖性很小。

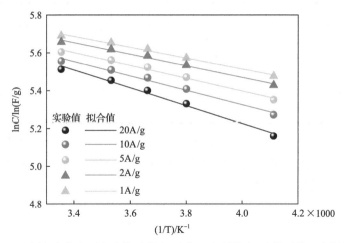

图 6.46　不同电流密度下电容值对数(lnC)与温度倒数(1/T)的阿伦尼乌斯关系图

不同温度下的阻抗谱进一步表明石墨烯-二氧化锰对称赝电容对温度的敏感性较低。与三电极测试体系中的结果相似，低频区域均呈现出一段近乎垂直于实轴的直线，见图 6.47(a)。这表明三维多级石墨烯-二氧化锰材料作为电极的对称赝电容具有良好的电容特性。而高频区域则呈现出压缩的圆弧形状，见图 6.47(b)。随着温度的改变，半圆弧的直径有所增大。

对 Nyquist 曲线进行等效电路拟合，结果如表 6.3 所示。当温度从 25℃降低至-30℃时，电荷传输阻抗从 4.54Ω 增加至 9.16Ω，Warburg 阻抗从 0.75Ω 增加至 1.41Ω。电荷传输阻抗与 Warburg 阻抗仍然处于较低的水平，表明在实用型对称电容中，电子和离子依然保持着通畅的传输且受温度的影响较小。

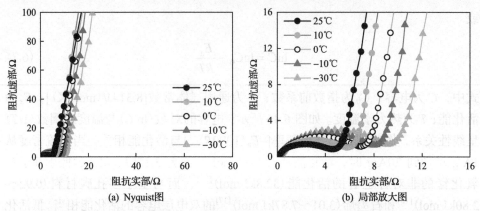

(a) Nyquist图　　　　　　　　　　　(b) 局部放大图

图 6.47　三维多级石墨烯-二氧化锰对称电容在不同温度下的 Nyquist 阻抗谱

表 6.3　三维多级石墨烯-二氧化锰对称电容不同温度下等效电路阻抗拟合值

温度/℃	R_s/Ω	R_{ct}/Ω	R_w/Ω
−30	0.23	9.16	1.41
−10	0.15	8.01	1.22
0	0.14	6.91	0.90
10	0.12	5.88	0.83
25	0.11	4.54	0.75

在实际应用中,超级电容在宽温度范围内的循环寿命是一个关键的性能指标。在−30~60℃范围内持续变温的环境下,以 5A/g 进行充放电的循环稳定性和库仑效率分析。库仑效率的计算方法为

$$\eta = \frac{t_{discharge}}{t_{charge}} \times 100\% \tag{6.8}$$

式中,η 为库仑效率;$t_{discharge}$ 为放电时间;t_{charge} 为充电时间。

三维多级石墨烯-二氧化锰电极能够在严苛的低温环境中稳定工作。如图 6.48 所示,在−30℃、25℃和60℃下,经过 1000 次充放电循环后电容保持率都高于 85%。并且当温度从−30℃恢复到 25℃,或从 60℃恢复到 25℃时,电容也会恢复至初始室温下的电容值,没有明显的衰减。在反复变化的温度环境中循环总次数达到 5000 次后,电容值维持在初始室温电容的 86.0%。同时,在整个循环稳定性测试中,对称赝电容的库仑效率都高于 95%,表现出良好的电化学反应可逆性。

6.3.4　非对称电容储能应用

非对称电容可以拓宽超级电容的电压窗口,进而实现更高能量密度的储能。将三维多级石墨烯-二氧化锰材料作为正极,以生长了垂直取向石墨烯的碳布作为

负极，组装成如图 6.49 所示的叠片型非对称超级电容，平面尺寸约为 7cm×7cm。电解液选用 6mol/L 的氢氧化钾溶液。

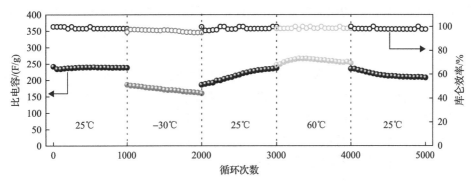

图 6.48　在−30～60℃变温环境中 5A/g 的电流密度下循环充放电的稳定性和库仑效率

图 6.49　三维多级石墨烯-二氧化锰非对称电容(约 7cm×7cm)

该非对称电容在不同温度下都能获得良好的赝电容储能性能。图 6.50 展示了非对称电容在−30℃、0℃、25℃和 60℃下的循环伏安曲线，电压扫速为 100mV/s。

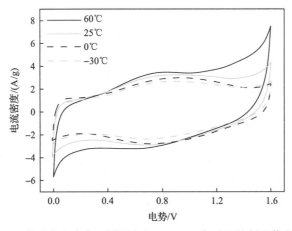

图 6.50　非对称电容在不同温度和 100mV/s 扫速下的循环伏安曲线

该电容在 1.6V 的电压窗口内表现出了稳定的循环伏安特性,证明了其较宽的工作电压窗口。在-30℃和 0℃下,循环伏安曲线与 25℃下的相近,表明该非对称电容在低温下也具有良好的储能性能。当温度上升至 60℃时,曲线的峰值电流密度明显增大,相应的循环伏安面积也增大,表明电容在高温下的电化学活性增强,储能性能提升。

在不同的温度和电流密度下进行恒电流放电测试,进一步证实了其较高的比电容和倍率性能。如图 6.51 所示,放电时长随着温度的升高而增加,表明比电容相应上升。以 1A/g 的电流密度放电时,非对称电容在-30℃、0℃、25℃和 60℃下的比电容分别为 60.7F/g、68.0F/g、76.6F/g 和 85.1F/g。当环境温度从 25℃下降到-30℃时,电容保持率高达 79.2%。

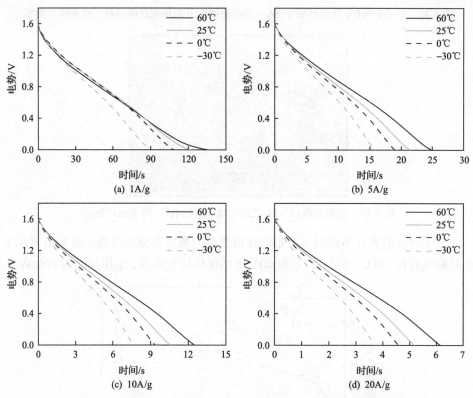

图 6.51　非对称电容在不同温度和不同电流密度下的恒电流放电曲线

分析不同温度下,比电容随电流密度的变化规律。如图 6.52 所示,在常温(25℃)环境中,20A/g 电流密度下的比电容为 66.4F/g,相对于 1A/g 下的比电容,电容值保持为 86.6%;在 0℃和-30℃的低温环境下,该电容保持率依然分别为 86.9%和 79.2%。

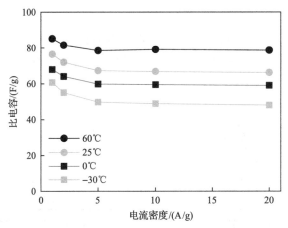

图 6.52　非对称电容在不同温度下比电容随电流密度的变化

　　非对称电容可以兼具高功率密度和高能量密度。如图 6.53 所示，在 60℃下，当放电电流密度为 1A/g 时，功率密度为 803.7W/kg，能量密度为 30.3W·h/kg。随着放电电流密度增加，功率密度增加，但能量密度呈下降趋势。当放电电流密度为 20A/g 时，功率密度升高到 16.1kW/kg，而能量密度下降到 28.0W·h/kg。降低测试环境温度，功率密度和能量密度都有所下降。在 -30℃测试环境下，1A/g 电流密度下的功率密度为 804.3W/kg，能量密度为 21.6W·h/kg。而 20A/g 下，功率相较常温有所降低，但仍维持在较高水平（16.6kW/kg），并且能量密度依然有 17.1W·h/kg。

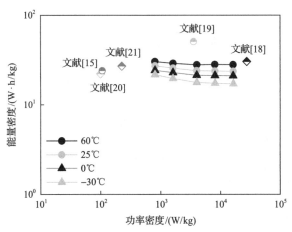

图 6.53　非对称电容在不同温度下的 Ragone 图[15,18-21]

　　将组装的非对称电容串联作为发光二极管的电源，在不同温度下进行了实际应用测试，发现该电容能够在较宽的温度范围内稳定工作，甚至是严苛的变温环境下。如图 6.54 所示，将 3 个非对称电容串联为 8 个发光二极管供能，工作电压为 1.8V，实验环境温度分别设置为-30℃、25℃和 60℃。在-30～60℃的温度范围内，8 个发光二极管均能稳定发光。在不同温度下，发光二极管的亮度没有明显的差异，并在-30℃、25℃和 60℃环境下，分别持续发光 8min、9.5min 和 10min。

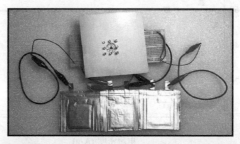

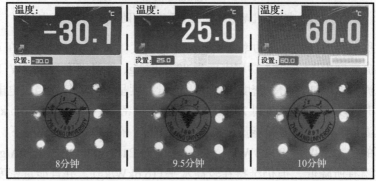

图 6.54　串联 3 个非对称电容为 8 个发光二极管供能

6.4　过渡金属碳氮化物固液静电吸附储能

二维纳米材料的堆叠团聚现象会导致电极的有效表面积减少、离子在电极中的传输距离增大且扩散受阻。该现象在活性材料的负载量增大时将更为明显，严重降低储能性能。在高负载量时维持高水平储能性能一直是电化学储能装置面临的严峻挑战。将二维纳米片合成三维多孔骨架可有效解决堆叠问题。本节介绍三维多孔过渡金属碳氮化物的设计和制备过程，通过调控金属氮化物的孔隙结构，强化离子传输并提升固液静电吸附储能性能。

6.4.1　材料的构筑与表征

过渡金属碳氮化物（MXene）上存在大量带负电的官能团（如—CHO、—OH、—CF$_x$等），导致片层之间存在强烈的静电排斥作用，片层间的凝结能力很弱，所以在传统的冷冻铸造方法的相分离过程中，片层之间难以组装成形。如图 6.55 所示，左半部分为不添加 KOH 的传统方法，冷冻铸造后形成不规则形貌，右半部分为添加 KOH 的弱排斥化冷冻铸造方法，冷冻铸造后形成规则多孔形貌。通过向 MXene 分散液中加入 KOH 溶液，利用带弱电负性的羟基（—OH）取代 MXene 表面具有强电负性的含氟官能团，同时利用溶液中离子形成的双电层屏蔽 MXene 的表面电荷，削弱片层间的静电排斥，进而冷冻铸造出规则的多孔形貌结构。以下将该方法称为弱排斥化冷冻铸造方法。

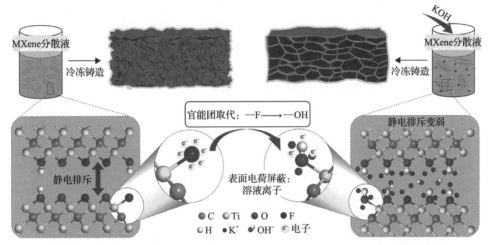

图 6.55　传统冷冻铸造方法和弱排斥化冷冻铸造方法的对比及原理示意图

使用改进过的弱排斥化冷冻铸造方法制得的三维多孔 MXene 薄膜呈现出良好的柔韧性。如图 6.56 所示，该薄膜可以在外力作用下轻易弯曲变形而不损坏，十分适于用作电化学储能器件的电极材料。在实际应用中，电极材料的活性物质负载量一般要达到 $10mg/cm^2$ 的级别，但是随着负载量提高，二维材料的堆叠团聚现象将变得更加严峻。弱排斥化冷冻铸造方法中的真空抽滤过程为调控三维多孔 MXene 薄膜的负载量提供了极大的便利，通过改变抽滤所用 MXene 分散液的体

图 6.56　具有良好柔韧性的三维多孔 MXene 薄膜实物照片

积可以轻易地制备特定负载量的多孔薄膜，并且很好地保留多孔形貌，有效抑制了堆叠问题。

　　弱排斥化冷冻铸造方法适用于制备不同负载量的多孔 MXene 膜电极。图 6.57 展示了不同质量面密度的三维多孔 MXene 薄膜的典型扫描电子显微镜截面图。图 6.57(a)～(g)分别对应了 MXene 负载量为 0.53mg/cm²、1.03mg/cm²、3.21mg/cm²、5.14mg/cm²、7.70mg/cm²、10.32mg/cm² 和 16.28mg/cm² 的多孔膜的横截面处扫描电子显微镜图像。从图 6.57(a)中可以看出，截面中孔的尺寸在几百纳米至数微米的范围。而且随着质量面密度不断增加，这种多孔形貌依然保留完好。尤其当负载量达到实际应用级别的 10.32mg/cm² 和 16.28mg/cm² 时，材料内部依然保持着高度规则的多孔结构，如图 6.57(f)～(h)所示。

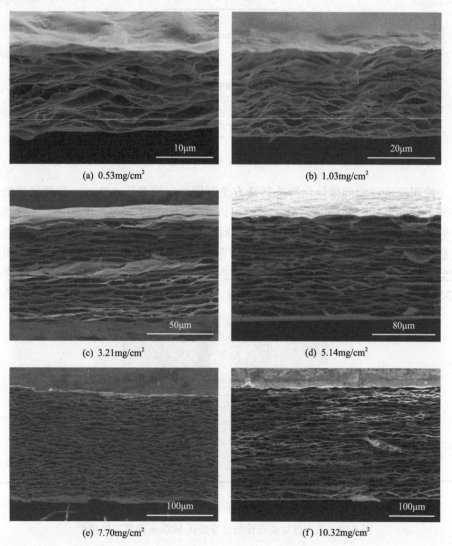

(a) 0.53mg/cm²　　　　　　　　　　(b) 1.03mg/cm²

(c) 3.21mg/cm²　　　　　　　　　　(d) 5.14mg/cm²

(e) 7.70mg/cm²　　　　　　　　　　(f) 10.32mg/cm²

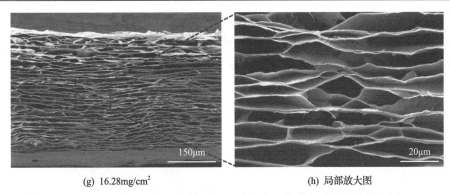

(g) 16.28mg/cm²　　　　　　　(h) 局部放大图

图 6.57　不同负载量的多孔 MXene 膜的典型扫描电子显微镜截面图

弱排斥化冷冻铸造方法可增加过渡金属碳氮化物的纳米通道层间距。对制备的多孔 MXene 膜进行透射电子显微镜和 X 射线衍射表征。图 6.58(a)中的透射电子显微镜图显示，多孔 MXene 膜中的骨架结构由数层 MXene 片构成。图 6.58(b)中的 X 射线衍射图谱显示，制备多孔 MXene 膜(KOH-MXene)和未作处理的平面 MXene 膜(p-MXene)均显示出明显的(002)峰。而且多孔 MXene 的(002)峰处在 $2\theta = 6.3°$ 的位置，偏离平面 MXene 的峰位置(6.66°)，表明经过 KOH 处理后平面 MXene 的层间距从 1.33nm 扩大到了 1.42nm。

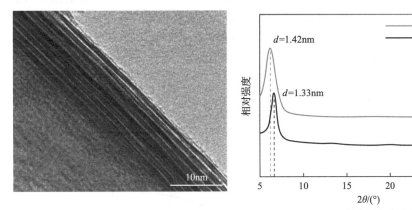

(a) KOH-MXene的透射电子显微镜图　　　　(b) X射线衍射对比图

图 6.58　透射电子显微镜图和 X 射线衍射对比图

6.4.2　三电极体系储能性能测试

在三电极测试体系中对三维多孔 MXene 膜进行电化学测试。作为对照，还制备了未经弱排斥化处理的 MXene 膜，直接抽滤获得的 MXene 膜的片层紧密堆叠，如图 6.59(a)所示，形成了一种类似于平面纸张的结构。为方便论述，后续将这种材料简称为平面 MXene 膜。另外，还将还原氧化石墨烯作为 MXene 的负载骨架，获得了 MXene-石墨烯复合结构。如图 6.59(b)所示，这种结构具有与三维多孔 MXene 膜相似的多孔结构，但孔隙骨架成分不同。在电化学测试中，三种材料采用相同的 MXene 负载量，MXene 的质量面密度为 0.53mg/cm^2。

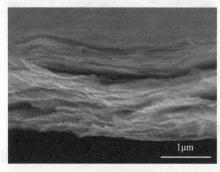

(a) 平面MXene膜　　　　　(b) MXene-石墨烯膜

图 6.59　不同材料的扫描电子显微镜截面图

　　首先进行循环伏安特性检测，多孔 MXene 膜的电容特性显著优于其他两种材料。其中，以铂片为对电极，银/氯化银电极为参比电极，多孔 MXene 膜为工作电极。采用工作电极相对于参比电极的电势进行储能特性分析，以下表述为相对电势(vs. Ag/AgCl)。如图 6.60 所示，当扫速为 20mV/s 时，三种电极的循环伏安曲线都呈现出相似的形状，在-0.5~0.3V(vs. Ag/AgCl)的电压范围内出现了一对较宽的氧化还原峰。这对氧化还原峰是由可逆的质子嵌入/脱嵌、钛原子的氧化状态改变、含氧官能团反应共同导致的，反应方程为[22]

$$Ti_3C_2O_x(OH)_yF_z + \delta e^- + \delta H^+ \longrightarrow Ti_3C_2O_{x-\delta}(OH)_{y+\delta}F_z \tag{6.9}$$

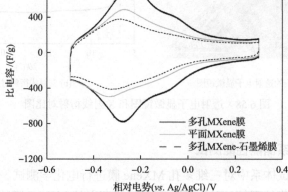

图 6.60　不同电极材料在 20mV/s 扫速下的循环伏安曲线

多孔 MXene 膜的循环伏安曲线面积要显著大于另外两种电极，其质量比电容为 358.8F/g，远高于平面 MXene 膜 (251.5F/g) 和 MXene-石墨烯膜 (218.1F/g)。相对于平面 MXene 膜，多孔 MXene 膜表现出更高比电容，其主要原因是多孔结构相对于平面堆叠形貌具有更多可供离子接触的过渡金属碳氮化物表面积，同时也利于离子扩散。而相对于 MXene-石墨烯膜，多孔 MXene 膜的骨架由纯 MXene 构成，其导电性要优于还原氧化石墨烯与 MXene 的复合物，因此储能性能将更强。

当循环伏安扫速从 20mV/s 增大至 10000mV/s 时，多孔 MXene 膜的循环伏安曲线能够在 1000mV/s 以下都能保持几乎不变的形状，如图 6.61 (a) 所示。相比之下，平面 MXene 膜的循环伏安曲线随着扫速增加会产生明显的变形，如图 6.61 (b) 所示。

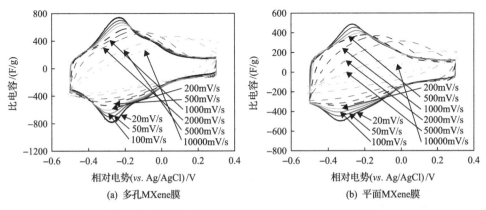

(a) 多孔MXene膜　　　　　　　　　　(b) 平面MXene膜

图 6.61　不同电极材料在不同扫速下的循环伏安曲线

图 6.62 为多孔 MXene 膜的恒电流充放电测试结果。恒电流充放电曲线为对称的非线性曲线，在大约 -0.25V (vs. Ag/AgCl) 的位置有明显的氧化还原特征，与循环伏安测试结果一致。即使在 50～500A/g 的高电流密度下，恒电流充放电曲线的形状相对于 1～20A/g 的低电流密度下的曲线依然没有明显的变化，表明多孔 MXene 膜具有良好的倍率性能。

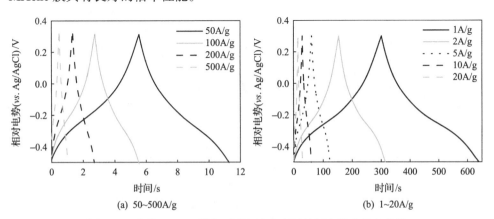

(a) 50~500A/g　　　　　　　　　　(b) 1~20A/g

图 6.62　多孔 MXene 膜在不同电流密度下的恒电流充放电曲线

分析循环伏安曲线中的峰值电流(i_p)和扫速(v)之间的关系，以进一步理解电荷存储的动力学特性。假设峰值电流和扫速之间呈幂律关系，即

$$i_p = av^b \tag{6.10}$$

式中，a 和 b 均为可变参数。通过 b 的值可以判断电荷存储是电池特性还是电容特性：$b = 0.5$ 时，表明电荷存储属于缓慢的电池行为；$b = 1$ 时，表明电荷存储属于高速的电容行为。图 6.63 展示了峰值电流的对数($\lg i_p$)和扫速的对数($\lg v$)的变化关系。对于多孔 MXene 膜而言，当扫速小于 2000mV/s 时，b 的值始终接近于 1，表明其中的电荷存储主要由电容过程主导。而对于平面 MXene 膜，其 2000mV/s 以下的 b 值为 0.85，表明电池形式的电荷存储过程占比较大。

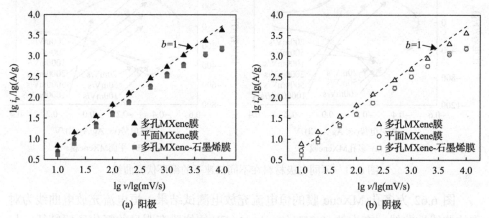

图 6.63　不同电极材料的峰值电流的对数($\lg i_p$)和扫速的对数($\lg v$)的关系图

在这种电容主导的电荷存储形式下，多孔 MXene 膜表现出优异的倍率性能。如图 6.64 所示，当循环伏安扫速从 10mV/s 增加至 10000mV/s 时，多孔 MXene

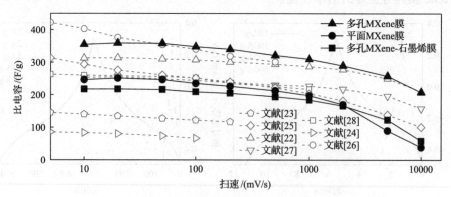

图 6.64　不同电极材料的比电容随扫速的变化及与文献对比[22-28]

膜的电容保持率仍有 58.6%。特别是在 10000mV/s 的高扫速下，多孔 MXene 膜依然表现出较高的比电容(207.9F/g)。而在相同的扫速变化范围内，平面 MXene 膜和 MXene-石墨烯膜的电容保持率分别为 15.6%和 26.7%，远低于多孔 MXene 膜。

　　开展阻抗测试，以对比分析不同结构中的离子传输和电荷转移过程。从图 6.65 中的 Nyquist 曲线可以看出，多孔 MXene 膜在低频区域段出现了一段相对于其他两种材料更加陡峭(几乎垂直于实轴)的直线，表明其储能过程具有更强的电容特性。在图 6.65(b)中的放大图中，具有多孔结构的多孔 MXene 膜和 MXene-石墨烯膜在高频区域内显示出可忽略的半圆弧，但是平面 MXene 膜中出现了一段近似 45°的直线，即 Warburg 区域。这一结果表明在多孔结构内电子和离子传输较快，而在堆叠严重的平面 MXene 膜中离子传输存在较大的扩散阻力。

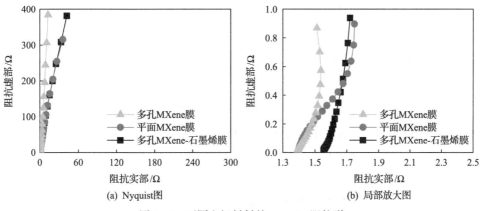

(a) Nyquist图　　　　　　　　　　　　　　(b) 局部放大图

图 6.65　不同电极材料的 Nyquist 阻抗谱

　　对 Nyquist 曲线进行等效电路拟合分析，以量化不同电极中的离子扩散阻抗和电荷转移阻抗。等效串联电阻(R_s)的大小取决于电解液、隔膜和电极等系统成分的电导率，考虑到三种材料的测试体系(电解液和隔膜的选用)完全相同，等效串联电阻的差异主要来自电极的导电性。如图 6.66 所示，MXene-石墨烯膜的等效串联电阻为 1.55Ω，高于多孔 MXene 膜的 1.39Ω 和平面 MXene 膜的 1.40Ω。这是因为液相制备的石墨烯电导率一般小于 600S/cm[29]，远低于纯 MXene 的电导率(高达 4600S/cm)。多孔 MXene 膜的电荷转移阻抗(R_{ct})为 0.14Ω，小于 MXene-石墨烯膜的 0.26Ω 和平面 MXene 膜的 0.50Ω。多孔 MXene 膜和 MXene-石墨烯膜的 Warburg 阻抗(R_w)分别为 0.29Ω 和 0.28Ω，约为平面 MXene 膜的 1/3(0.89Ω)。对于多孔结构来说，开放的孔隙提供了更多暴露的 MXene 表面，使离子能毫无阻碍地扩散并与之充分接触。

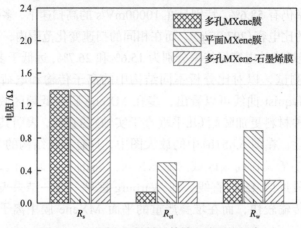

图 6.66　不同电极材料的等效电路阻抗拟合

离子和电子在多孔 MXene 膜中具有更快速的输运和转移能力。如图 6.67 中的波特图所示，多孔 MXene 膜具有更高的拐点频率(45°相位对应的频率，f)。进一步计算特征松弛时间常数 τ_0：

$$\tau_0 = 1/f \tag{6.11}$$

特征松弛时间常数具体指以大于 50%的效率释放储能装置所有能量所用的最短时间，反映了电容响应变化的快慢。经计算，多孔 MXene 膜的特征松弛时间常数为 63ms，远小于 MXene-石墨烯膜(126ms)和平面 MXene 膜(501ms)。

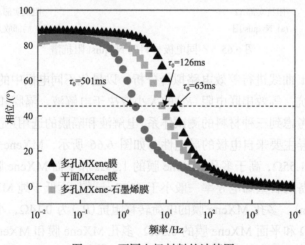

图 6.67　不同电极材料的波特图

6.4.3　对称电极储能性能测试

将不同负载量的多孔 MXene 膜组装成对称双电极超级电容并进行电化学测

试。如图 6.68(a)所示，当循环伏安扫速为 10mV/s 时，随着 MXene 负载量增大，循环伏安曲线的电流面密度显著增大，表明面积比电容增大。在扫速为 100mV/s 的条件下，循环伏安曲线表现出相似的规律。

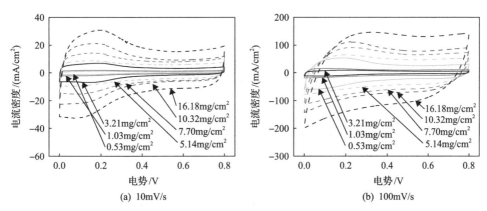

图 6.68　不同负载量的多孔 MXene 膜对称电容在不同扫速下的循环伏安曲线

计算不同负载下的面积比电容。如图 6.69 所示，在 10～200mV/s 扫速范围内，面积比电容明显随着负载量的增大而增大，但是在 500mV/s 和 1000mV/s 下这一趋势不再明显。

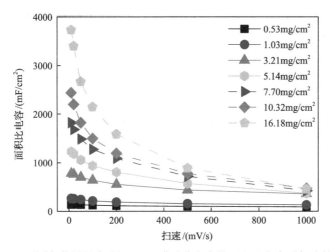

图 6.69　不同负载量的多孔 MXene 膜对称电容的面积比电容随扫速的变化

图 6.70 计算了多孔 MXene 膜的质量比电容和面积比电容。如图 6.70(a)所示，在 10mV/s 扫速下，质量比电容随负载量的变化很小。当负载量从 0.53mg/cm² 增加到 16.18mg/cm² 时，质量比电容从 260F/g 降低至 231F/g，电容保持率高达 88.8%。这一稳定的质量比电容表明在三维多孔结构中离子的传输十分通畅，且几乎不受负载量的影响。然而，在更高的扫速(即 100mV/s 和 1000mV/s)下，电极的质量比

电容随负载量衰减较为迅速。这是因为在更厚的电极内，离子的扩散路径明显增长，导致在高扫速下运动到 MXene 表面的离子数量减少，储能性能下降。

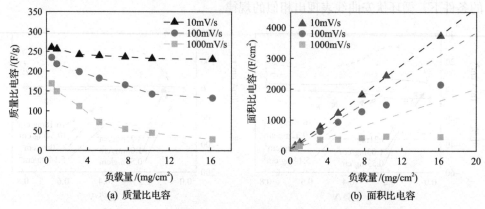

(a) 质量比电容　　　　　　　　　(b) 面积比电容

图 6.70　多孔 MXene 膜对称电容在不同扫速下的比电容随负载量的变化

从图 6.70(b) 中可以看出，多孔 MXene 膜的面积比电容在 10mV/s 扫速下基本随着电极的负载量呈线性增加。当扫速提升至 100mV/s 和 1000mV/s 时，$5.14mg/cm^2$ 以下负载量的电极内依然能够维持这种线性关系。特别地，在 10mV/s 扫速下 $16.28mg/cm^2$ 的多孔 MXene 膜展现出了 $3731F/cm^2$ 的极高面积比电容，远高于其他具有实用级别负载量的 MXene 基超级电容，如银颗粒修饰的 MXene 膜（$15mg/cm^2$ 的比电容为 $1173F/cm^2$），部分剥离的 MXene 膜（$20mg/cm^2$ 的比电容约为 $1770F/cm^2$），以及 MXene 气凝胶（$15mg/cm^2$ 的比电容为 $1013F/cm^2$）。

循环稳定性是超级电容在实际应用中的一个重要评价指标。如图 6.71(a) 所示，在 100mV/s 扫速下循环 10000 次后，$16.28mg/cm^2$ 的多孔 MXene 膜的电容依然能保留 93.8%。从图 6.71(b) 中可以看出，10000 次循环测试后，多孔 MXene 膜的循环伏安曲线与最初的循环伏安曲线基本重合。

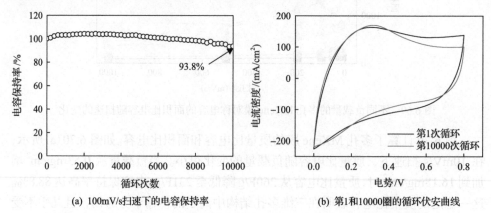

(a) 100mV/s扫速下的电容保持率　　　　(b) 第1和10000圈的循环伏安曲线

图 6.71　负载量为 $16.28mg/cm^2$ 的多孔 MXene 膜对称电容的循环稳定性

　　活性材料的高负载量为超级电容带来了优异的能量密度，多孔结构中快速的离子传输特性则保证了超级电容的高功率密度。图 6.72 分析了多孔 MXene 膜对称电容在负载量为 16.28mg/cm^2 下的功率密度-能量密度演变特性。从图中可以看出，最大单位面积能量密度为 336.7μW·h/cm^2，对应的功率密度为 15.2mW/cm^2，折合成单位质量能量密度为 10.4W·h/kg，功率密度为 469.7W/kg。最高功率密度为 294.5mW/cm^2，此时的能量密度依然有 65.4μW·h/cm^2，折合成单位质量能量密度为 2.02W·h/kg，功率密度为 9.1kW/kg。这一性能要显著优于其他基于过渡金属碳氮化物材料的超级电容[24,30-35]，包括 MXene//PANI（最高能量密度 252μW·h/cm^2）[35]、MXene//RuO$_2$（最高能量密度 46μW·h/cm^2）[33] 和 MXene//碳纳米纤维（最高能量密度 120μW·h/cm^2）[24] 等。

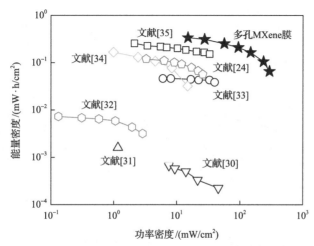

图 6.72　负载量为 16.28mg/cm^2 的多孔 MXene 膜对称电容的 Ragone 图[24,30-35]

6.4.4　对称电极低温环境储能性能

　　装配成对称电容，研究多孔 MXene 膜对称电容的低温储能特性。图 6.73(a) 对比了 25℃和-30℃测试环境下 20mV/s 扫速对应的循环伏安曲线。可以看出，在 -30℃的低温环境下，该对称电容依然能够在 0.8V 的电压窗口下稳定工作，但是循环伏安曲线的积分面积相较于常温有所减小，表明其赝电容性能下降。此外，当温度从 25℃降低为-30℃时，循环伏安曲线上的氧化还原反应峰明显减小，表明 MXene 电极表面的氧化还原活性随着温度下降而降低。在 1000mV/s 的高扫速下，如图 6.73(b) 所示，多孔 MXene 膜对称电容依然能够在-30℃的低温环境中稳定工作，其循环伏安曲线与 25℃的循环伏安曲线近乎重合。

　　图 6.73(c) 和 (d) 分别为 25℃和-30℃环境中多孔 MXene 膜对称电容在 10~1000mV/s 扫速下的循环伏安曲线。在低温条件下，多孔 MXene 膜的循环伏安曲

线形状随着扫速的增大没有发生明显的改变，说明该赝电容在低温环境下具有较好的倍率性能。

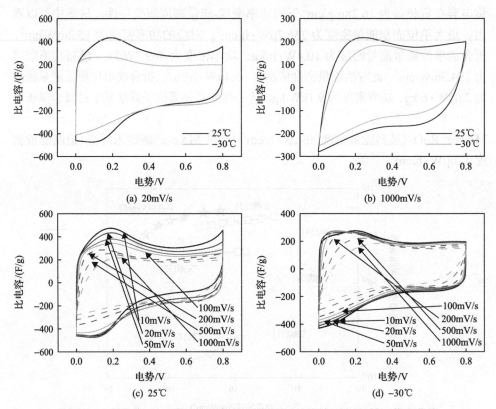

图 6.73　多孔 MXene 膜对称电容在不同温度和不同扫速下的循环伏安曲线

能量密度和功率密度是超级电容实际应用中的关键性能参数。如图 6.74 所示，

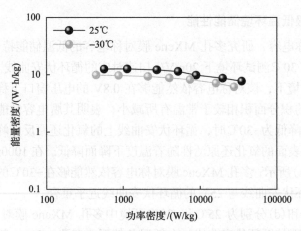

图 6.74　多孔 MXene 膜对称电容在不同温度下的能量密度和功率密度

与常温条件相比,多孔MXene膜对称电容在$-30℃$的环境下的电容保持率在76.6%以上,最大能量密度仅从25℃的12.6W·h/kg衰减为$-30℃$的9.9W·h/kg,对应的功率密度从566.9W/kg衰减为445.1W/kg。此外,25℃下多孔MXene膜的最大功率密度为34.8kW/kg,对应的能量密度为7.7W·h/kg;温度降低为$-30℃$时,最大功率密度衰减为27.7kW/kg,对应的能量密度为6.3W·h/kg。

参 考 文 献

[1] Liu C, Yu Z, Neff D, et al. Graphene-based supercapacitor with an ultrahigh energy density[J]. Nano Letters, 2010, 10(12): 4863-4868.

[2] Thomsen C, Reich S. Double resonant Raman scattering in graphite[J]. Physical Review Letters, 2000, 85(24): 5214-5217.

[3] Xu, Y, Chen C Y, Zhao Z, et al. Solution processable holey graphene oxide and its derived macrostructures for high-performance supercapacitors[J]. Nano Letters, 2015, 15(7): 4605-4610.

[4] Cancado L G, Takai K, Enoki T, et al. General equation for the determination of the crystallite size L_a of nanographite by Raman spectroscopy[J]. Applied Physics Letters, 2006, 88(16): 163106.

[5] Yan J, Khoo E, Sumboja A, et al. Facile coating of manganese oxide on tin oxide nanowires with high-performance capacitive behavior[J]. ACS Nano, 2010, 4(7): 4247-4255.

[6] Li W Y, Xu K B, An L, et al. Effect of temperature on the performance of ultrafine MnO_2 nanobelt supercapacitors[J]. Journal of Materials Chemistry A, 2014, 2(5): 1443-1447.

[7] Meng W J, Chen W, Zhao L, et al. Porous Fe_3O_4/carbon composite electrode material prepared from metal-organic framework template and effect of temperature on its capacitance[J]. Nano Energy, 2014, 8: 133-140.

[8] Zhang Y Q, Li L, Shi S J, et al. Synthesis of porous Co_3O_4 nanoflake array and its temperature behavior as pseudo-capacitor electrode[J]. Journal of Power Sources, 2014, 256: 200-205.

[9] Ng C H, Lim H N, Hayase S, et al. Effects of temperature on electrochemical properties of bismuth oxide/manganese oxide pseudocapacitor[J]. Industrial & Engineering Chemistry Research, 2018, 57(6): 2146-2154.

[10] Bai H, Chen Y, Delattre B, et al. Bioinspired large-scale aligned porous materials assembled with dual temperature gradients[J]. Science Advances, 2015, 1(11): e1500849.

[11] Zhang P, Li J, Lv L, et al. Vertically aligned graphene sheets membrane for highly efficient solar thermal generation of clean water[J]. ACS Nano, 2017, 11(5): 5087-5093.

[12] Wang C, Chen X, Wang B, et al. Freeze-casting produces a graphene oxide aerogel with a radial and centrosymmetric structure[J]. ACS Nano, 2018, 12(6): 5816-5825.

[13] Kang J, Jayaram S H, Rawlins J, et al. Characterization of thermal behaviors of electrochemical double layer capacitors (EDLCs) with aqueous and organic electrolytes[J]. Electrochimica Acta, 2014, 144: 200-210.

[14] Kang J, Atashin S, Jayaram S H, et al. Frequency and temperature dependent electrochemical characteristics of carbon-based electrodes made of commercialized activated carbon, graphene and single-walled carbon nanotube[J]. Carbon, 2017, 111: 338-349.

[15] Xiong G P, He P G, Huang B Y, et al. Graphene nanopetal wire supercapacitors with high energy density and thermal durability[J]. Nano Energy, 2017, 38: 127-136.

[16] Ye L, Liang Q H, Huang Z H, et al. A supercapacitor constructed with a partially graphitized porous carbon and its performance over a wide working temperature range[J]. Journal of Materials Chemistry A, 2015, 3(37): 18860-18866.

[17] Vellacheri R, Al-Haddad A, Zhao H P, et al. High performance supercapacitor for efficient energy storage under extreme environmental temperatures[J]. Nano Energy, 2014, 8: 231-237.

[18] Hou Y, Cheng Y, Hobson T, et al. Design and synthesis of hierarchical MnO₂ nanospheres/carbon nanotubes/ conducting polymer ternary composite for high performance electrochemical electrodes[J]. Nano Letters, 2010, 10(7): 2727-2733.

[19] Gueon D, Moon J H. MnO₂ nanoflake-shelled carbon nanotube particles for high-performance supercapacitors[J]. ACS Sustainable Chemistry & Engineering, 2017, 5(3): 2445-2453.

[20] Chang P P, Matsumura K, Zhang J Z, et al. 2D porous carbon nanosheets constructed using few-layer graphene sheets by a "medium-up" strategy for ultrahigh power-output EDLCs[J]. Journal of Materials Chemistry A, 2018, 6(22): 10331-10339.

[21] Qi H L, Bo Z, Yang S L, et al. Hierarchical nanocarbon-MnO₂ electrodes for enhanced electrochemical capacitor performance[J]. Energy Storage Materials, 2019, 16: 607-618.

[22] Lukatskaya M R, Kota S, Lin Z F, et al. Ultra-high-rate pseudocapacitive energy storage in two-dimensional transition metal carbides[J]. Nature Energy, 2017, 2: 17105.

[23] Zhao M Q, Ren C E, Ling Z, et al. Flexible MXene/carbon nanotube composite paper with high volumetric capacitance[J]. Advanced Materials, 2015, 27(2): 339-345.

[24] Li L, Zhang M Y, Zhang X T, et al. New Ti₃C₂ aerogel as promising negative electrode materials for asymmetric supercapacitors[J]. Journal of Power Sources, 2017, 364: 234-241.

[25] Yan J, Ren C E, Maleski K, et al. Flexible MXene/graphene films for ultrafast supercapacitors with outstanding volumetric capacitance[J]. Advanced Functional Materials, 2017, 27(30): 1701264.

[26] Fan Z M, Wang Y S, Xie Z M, et al. Modified MXene/holey graphene films for advanced supercapacitor electrodes with superior energy storage[J]. Advanced Science, 2018, 5(10): 1800750.

[27] Xia Y, Mathis T S, Zhao M Q, et al. Thickness-independent capacitance of vertically aligned liquid-crystalline MXenes[J]. Nature, 2018, 557(7705): 409-412.

[28] Deng Y Q, Shang T X, Wu Z T, et al. Fast gelation of Ti₃C₂Tₓ MXene initiated by metal ions[J]. Advanced Materials, 2019, 31(43): 1902432.

[29] Parvez K, Li R, Puniredd S R, et al. Electrochemically exfoliated graphene as solution-processable, highly conductive electrodes for organic electronics[J]. ACS Nano, 2013, 7(4): 3598-3606.

[30] Kurra N, Ahmed B, Gogotsi Y, et al. MXene-on-paper coplanar microsupercapacitors[J]. Advanced Energy Materials, 2016, 6(24): 1601372.

[31] Hu M M, Li Z J, Li G X, et al. All-solid-state flexible fiber-based MXene supercapacitors[J]. Advanced Materials Technologies, 2017, 2(10): 1700143.

[32] Seyedin S, Yanza E R S, Razal J M. Knittable energy storing fiber with high volumetric performance made from predominantly MXene nanosheets[J]. Journal of Materials Chemistry A, 2017, 5(46): 24076-24082.

[33] Jiang Q, Kurra N, Alhabeb M, et al. All pseudocapacitive MXene-RuO₂ asymmetric supercapacitors[J]. Advanced Energy Materials, 2018, 8(13): 1703043.

[34] Wang Z Y, Qin S, Seyedin S, et al. High-performance biscrolled MXene/carbon nanotube yarn supercapacitors[J]. Small, 2018, 14(37): 1802225.

[35] Wang Y M, Wang X, Li X L, et al. Engineering 3D ion transport channels for flexible MXene films with superior capacitive performance[J]. Advanced Functional Materials, 2019, 29(14): 1900326.